모발과 두피관리
hair & scalp treatment

모발과 두피관리

이수비

구민사

머리말

인간의 아름다움을 완성하는 중요한 부분 중 헤어스타일을 빼놓을 수가 없다. 헤어스타일 연출은 커트, 퍼머, 염색을 통해 완성되지만 아름답게 표현하기 위해서는 근본적으로 모발의 건강이 빠질 수 없고 모발이 건강하려면 두피의 건강이 필수적이다. 다시말하면 신체와 정신이 건강하였야만 건강한 두피와 모발을 가질 수 있다는 것이다.

우리는 이 책에서 인체구조와 영양, 화학, 모발 및 피부생리학을 통해 지식을 습득, 모발과 두피에 관한 관리방법을 알아보고 외적인 아름다움을 표현과 인체 내부의 건강을 상태를 파악하여 모발과 두피관리에 대한 내용을 알아 볼 수 있다.

모발과 두피관리학은 단순히 모발과 두피를 자체만을 보는 것이 아니라 과학적이고 인체와 심리상태를 이해하는 것이며 건강한 상태를 유지시켜 줄 수 있도록 지식을 습득하고 이해하는 것이 무엇보다도 중요하다.

이 책을 통해 모발과 두피관리에 대한 지식을 공부하는 학생들에게 전문 지식과 기술이 전달되어 향 후 전문인력으로서 성장에 도움이 되었으면 한다.

출간히기까지 도움이 되어 주신 도서출판 구민사 조규백 사상님께 감사드리며 함께해 준 사랑스러운 제자 지영, 보배, 승연이에게도 감사함을 표합니다.

저자

CONTENTS

머리말 | 5

Chapter 1 두피생리학 | 9
    1. 두개골의 구조 | 9
    2. 머리의 근육 | 13
    3. 목의 근육(Muscle of the neck) | 16
    4. 두피의 정의 | 18
    5. 두피[피부]의 구조 | 18
    6. 두피의 기능 | 29

Chapter 2 모발의 특성 | 31
    1. 모발의 기능 | 31
    2. 모발의 발생 | 32
    3. 모발의 구조 | 37

Chapter 3 모발의 생리적 특성 | 41
    1. 모발의 성장주기 | 41
    2. 모발의 분류 | 44
    3. 모발의 영양소 | 46

Chapter 4 모발의 화학적 특성 | 53
    1. 화학결합의 이해 | 53
    2. 모발의 화학결합 | 53

Chapter 5 모발의 물리적 특성 | 59
    1. 모발의 성질 | 59

Chapter 6 탈모 | 65
    1. 탈모의 원인 | 66
    2. 탈모의 유형 | 70

Chapter 7 두피·모발관리 | 77
    1. 두피·모발관리의 개념 | 77
    2. 두피의 유형에 따른 관리 | 78
    3. 증상에 따른 문제성 두피의 유형 | 82
    4. 두피질환 | 87
    5. 지루성 피부염(seborrheic dermatitis) | 89
    6. 아토피성 피부염(atopic dermatitis) | 90
    7. 단순 태선(lichen simplex) | 91

Chapter 8 두피관리법 | 93
    1. 두피관리의 정의 | 93
    2. 두피·모발관리 과정 | 94
    3. 샴푸와 린스 | 125
    4. 두발 세정 | 126
    5. 홈케어 및 사후관리 | 135

Chapter 9 테라피(therapy)의 활용 | 137
    1. 아로마 테라피(aroma therapy) | 137

Chapter 10 두피 타입별 관리방법 및 처치 | 147
    1. 두피 타입의 분류의 중요성 | 147
    2. 두피 손상의 원인 | 148
    3. 문제성 두피방지 및 처치 | 149
    4. 두피관리방법 | 150

Chapter 11 모발의 손상, 진단·처치 | 153
    1. 모발손상의 기초 | 153

Chapter 12 두피모발 관리제품 성분 | 157

hair and scalp management

Chapter 1
두피생리학

1. 두개골의 구조

두개골(skull bone)이란 두개(頭蓋)를 형성하는 뼈로 머리를 감싸고 있는 뇌두개골과 안면을 형성하는 안면골로 구성되어 있고 총 15종 23개의 뼈로 뇌두개골 6종 8개, 안면골 9종 15개 되어 있다.

뇌두개골은 뇌를 보호하는 역할로 후두골, 전두골, 두정골, 측두골, 접형골, 사골 등이 있다.

안면골은 안면을 형성하며 안면골로 하비갑개, 누골, 비골, 관골, 구개골, 상악골, 하악골, 서골, 설골 등이 있다. 두개골은 딱딱한 치밀골이 바깥쪽을 이루며 그 사이에 성긴 해면골이 존재하며 눈, 귀, 코, 입 등의 감각기관이 들어갈 공간을 마련하며 몸속으로 출입하는 호흡기와 소화기의 입구를 지니며, 일부 뼈는 치아를 구조물로 갖추고 음식을 씹는 기능을 수행한다.

두개골

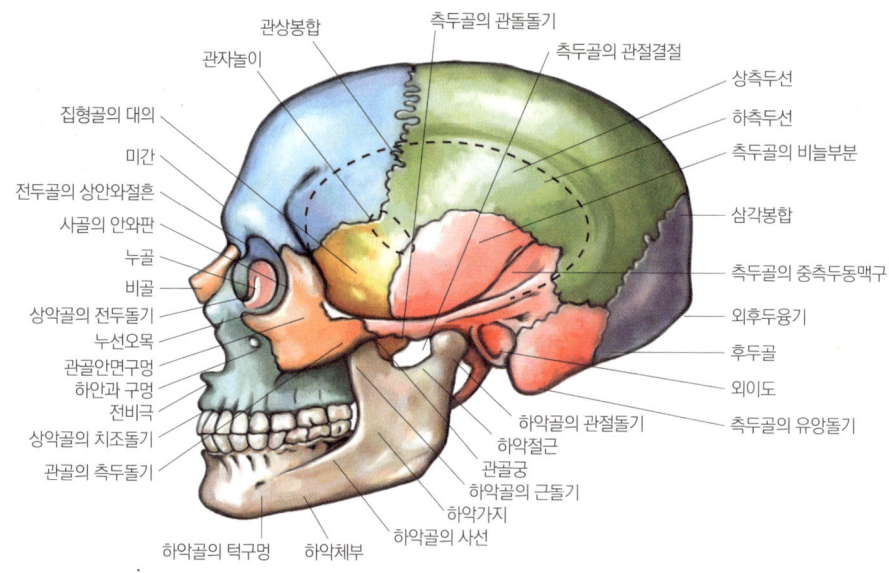

안면골

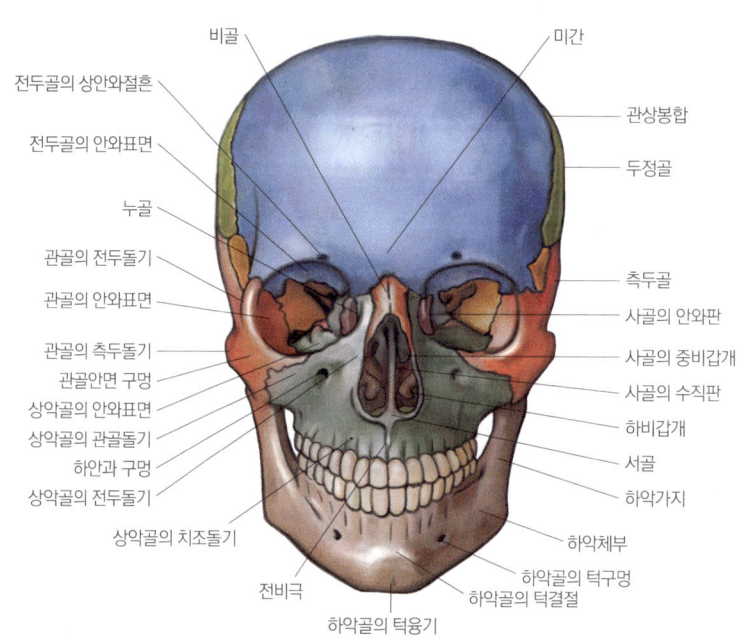

그림 1-1 두개골의 구조

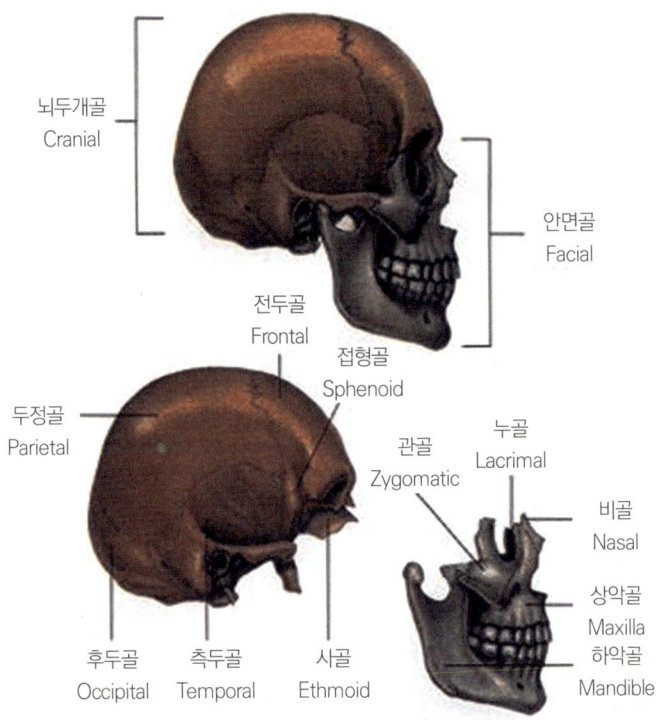

1) 뇌두개골(cranial bones)

뇌두개골은 6종 8개의 뼈로 구성되어 있다.

(1) 전두골(이마뼈, frontal bone)

뇌두개의 앞부분이며 전두엽에 위치한다.

(2) 두정골(마루뼈, parietal bone)

좌우 한쌍의 크고 휘어진 사각 모양의 뼈로 누개골의
윗면과 옆면을 차지하고 다른 두개골들과 관절을 이루어 4개의 큰 봉합을 형성되어 있다.

(3) 후두골(뒤통수뼈, occipital bone)

두개관과 마름모꼴의 주걱 모양으로 되어 있다.

(4) 측두골(관자뼈, temporal bone)

두개골의 바깥부분과 두개 바닥의 부분이며 외이도가 뚫어져 있다.

(5) 접형골(나비뼈, sphenoid bone)

나비 모양의 뼈로 양쪽에 큰 날개와 작은 날개로 구성되어 있다.

(6) 사골(벌집뼈, ethmoid bone)

접형골과 비골의 사이에 있고, 두개골의 가장 깊은 곳에 위치한다.

2) 안면골(facial bone)

안면골은 불규칙한 모양의 8종 14개의 골로 이루어지는데, 내부군과 외부군으로 나누기도 한다.

(1) 코뼈(비골2개, nasal bones)

상악골의 전두돌기 사이에 위치하며 콧마루를 형성한다.

(2) 광대뼈(관골 2개, zygomatic bones)

볼의 튀어나온 부분을 형성하며, 한쌍을 이루고 있다.

(3) 위턱뼈(상악골 2개, maxilla)

윗턱을 형성하는 뼈로 앞쪽은 입의 뿌리이고 측면벽은 비강벽과 안와강의 바닥을 이루는 뼈이다.

(4) 아래턱뼈(하악골, mandible)

안면골 중 가장 크고 길며 아래턱뼈로 턱의 아랫부분을 형성한다.

(5) 눈물뼈(누골2개, lacrimal bones)

안와 내측벽 앞에 있는 작고 약한 뼈이다.

(6) 입천장뼈(구개골 2개, palatine bones)
상악골이 후방에 붙어있는 한쌍의 뼈이다.

(7) 아래코선반(하비갑개 2개, interior nasal concha)
비강의 외측벽을 이루는 한쌍의 뼈이다.

(8) 보습뼈(서골 vormer bone)
비중격 후하부를 형성하며 코를 나누는 벽 부분을 형성하는 뼈이다.

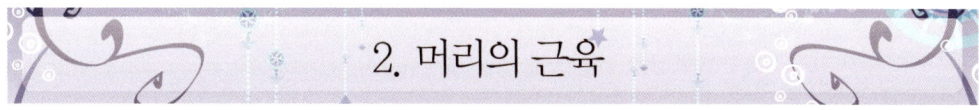

2. 머리의 근육

두부(頭部)의 근육은 피근과 저작근(咀嚼筋)의 2대군으로 나누어지는데 그 가운데 피근은 안면의 복잡한 표정운동을 일으키는 점에서 표정안면근(facial muscle)·표정근(Expression Muscle) 이라 부른다.

안면근은 머리의 근육 다수를 포함하고 있으며 인간의 표정인 희노애락을 표현하며 저작근은 얼굴의 섬세하고 작은 근육들은 표정을 짓는 데 활용되며, 목의 큰 근육들은 전체 두개를 움직이고 균형을 잡는 역할을 수행한다. 안면근은 얕게 위치한 피근으로 안면신경에 의해 지배되고, 희로애락 등 복잡한 안면표정 운동에 관계하므로 표정근이라고도 한다. 저작근은 내·외 익상근이며 피근피부 깊숙이 위치하며 두개저에서 기시하여 하악골에 정지한다. 저작운동에 관계하며, 삼차신경의 세 번째 가지인 하악신경에 의해 지배된다.

뇌두개골에는 두정골(頭頂骨)에 모상건막(帽狀腱膜)이라고 불리는 막이 존재하며, 양 측면의 측두골(側頭骨)에는 측두근, 전면의 전두골(田頭骨)에는 전두근, 후면은 두개골의 뒷부분에서 생긴 후두골(後頭骨)에 후누근이 있다. 모상건막과 전두근은 이마를 가로질러 아래쪽으로 확장되어 윗부분의 근육과 합쳐지는데, 전두근은 이마를 주름지게 하고 눈썹을 올리도록 한다.

1) 안면근육(muscles of facial expression)

(1) 이마힘살(전두근, frontal belly)
전두골을 덮고 있으며, 이마에 주름을 생기게 하고 눈썹을 위로 움직인다.

(2) 뒤통수 힘살(후두근, occipital belly)
후두골을 덮고 있으며, 두피의 주름을 생기게 한다.

(3) 눈둘레근(안륜근, orbicularis oculi)
안와를 완전히 둘러싸고 있으며 눈을 감게 하는 기능이 있다.

(4) 눈썹주름근(추미근, corrugator)
미구의 내측 끝에서 시작하여 안와궁의 중앙 저부를 덮고 피부의 심층에 부착하고 있으며, 눈썹을 하방, 내측으로 당기고, 미간 좌우에 주름을 만든다.

(5) 눈살근(비근근, procerus)
비골하부를 덮고 있는 근막과 외측 비연골의 상부를 덮는 근막에서 시작하여 콧등과 비익 에서 정지하며, 비공을 넓히는 기능이 있다.

(6) 볼근(협근, buccinator)
상·하악골의 치조돌기에서 시작하여 구각에서 정지하는 볼근육으로 음료수나 젖을 빠는 데 쓰이며, 입술사이로 공기를 내보내는 기능도 한다.

(7) 턱끝근(이근, mentalis)
턱의 피부에 부착하며 턱과 아랫입술을 올리고 의심하거나 불쾌할 때 턱에 주름이 지게 하고 아랫입술을 위로 올려 당긴다.

(8) 입둘레근(구륜근, orbicularis oris)
입을 둘러싸고 있으며, 입을 다물게 하고 휘파람 또는 촛불을 끌 때 이용된다.

(9) 입꼬리당김근(소근, risorius)
구각을 외방으로 당겨 볼에 보조개를 만들어 낸다.

(10) 광대근(관골근, zygomaticus)
구각을 끌어당겨 웃는 표정을 만든다.

2) 저작근(Muscle of masticatiom)

(1) 관자근(측두근, temporalis)
측두와에서 시작하여 하악골의 근돌기에서 정지한다. 입을 열고 닫을 때 움직인다.

(2) 깨물근(교근, Masseter)
관골궁부터 기시하여 하악각에 정지하는 두꺼운 근육으로 아래턱뼈를 위로 당긴다.

(3) 안쪽날개근(내측익돌근, medial pterygoid)
하악각 내측에 부착하여 하악골을 상·외측으로 당기는 역할을 한다.

(4) 가쪽날개근(외측익돌근, lateral pterygoid)
접형골의 날개돌기 외측에서 기시하여 하악골의 관절돌기의 목부위에 부착하며 턱을 앞으로 당기고 좌우로 움직이게 하는 근육이다.

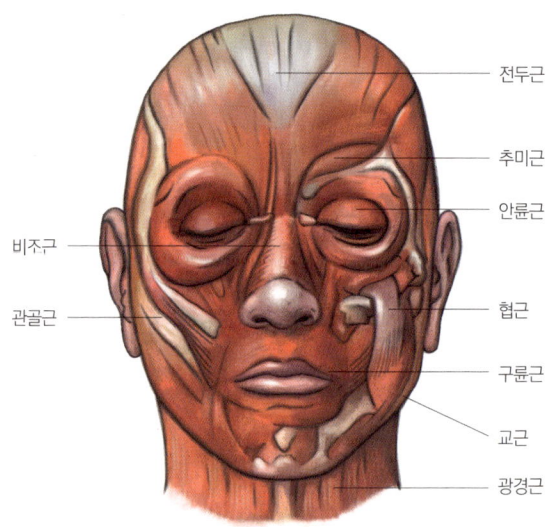

그림 1-2 안면 근육

3. 목의 근육 (Muscle of the neck)

목의 척추, 즉 경추(傾隧)는 머리를 받치는 역할을 한다. 성인을 기준으로 할 때 머리의 무게는 약 4kg이므로 경추가 균형이 잡혀 있지 않으면 머리 무게가 온몸의 자세에 영향을 주어 특정 부위의 근육이 과도하게 뭉치거나 느슨해지는 결과를 초래할 수 있다.

경추는 머리뼈와 등뼈 사이에 위치하고 있으며, 목의 회전과 관련된 근육, 머리를 지지하는 데 관련된 근육, 호흡과 관련된 근육 등으로 둘러싸여 있다. 안쪽은 목뼈, 목뼈 사이의 인대, 작은 근육으로 단단하게 연결되어 있는데, 이러한 근육들이 튼튼하지 않으면 뼈와 디스크가 쉽게 손상을 받는다.

1) 넓은 목근 (광경근, platysma)

안면신경의 지배를 받으며, 구각을 하방으로 당겨 슬픈 표정을 짓게 한다. 또한 면도할 때 피부의 긴장도를 유지시킨다.

2) 목빗근(흉쇄유돌근, sterno-cleido-mastoid muscle)

목의 앞쪽 측면 양쪽에 위치하며, 고개를 끄덕거릴 때나 머리를 회전시키거나 구부리는 기능을 한다.

3) 등세모근(승모근, trapezius muscle)

부신경과 경신경총의 가지를 받고 극돌기에서 기시하여 견갑극 및 쇄골에 정지한다. 견갑골을 위로 당기며 머리를 뒤나 옆으로 굽힌다.

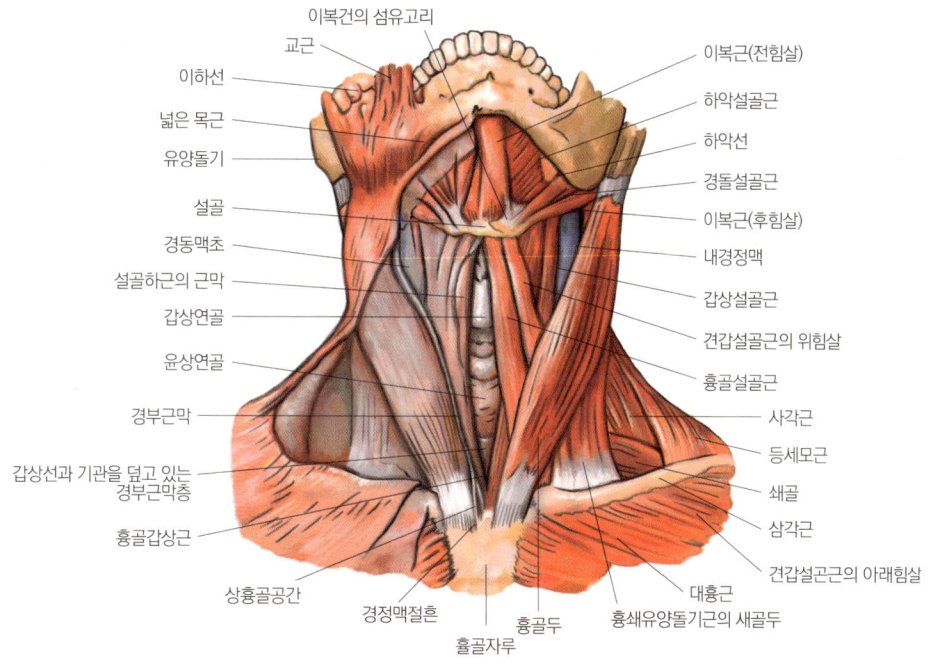

그림 1-3 목의 근육

4. 두피의 정의

　두피는 두부를 보호하고 있는 피부조직으로 외부의 물리적 자극이나 화학적 변화를 완충시켜 주고 내부를 보호하고 유지하는 부분이다. 건강한 모발을 생성하기 위한 근원이 되는 두피는 인체조직 중 다른 어떤 부분보다도 모낭과 혈관이 풍부하여 신경분포도 조밀하고 섬세한 구조를 가지고 있다.

5. 두피(피부)의 구조

　피부는 세포막이라고 부르는 가장 넓은 조직으로 인체의 내부 기관과 외부 환경 간에 중요한 완충역할을 한다. 피부는 아주 복잡한 생리기능을 갖고 있으며, 표면에서부터 표피·진피·피하조직의 3개 층으로 형성되어 있다. 표피는 가장 바깥쪽 조직으로 두피의 외부자극에 가장 먼저 보호해 주는 층이고 진피는 표피 아래쪽에 있는 내층인데, 매우 민감한 관 모양의 결합조직으로 유두층과 망상층으로 구성되어 있다. 피하조직은 지방세포를 가진 결합조직의 얇은 층으로 교원섬유와 탄력섬유가 피부 표면에 평행하게 배열되어 있다. 층의 내부에는 혈관, 분비선, 감각 수용체와 신경을 포함한 많은 조직들과 털, 땀샘 및 피지선 등으로 이루어져 있다.
　두개골막에 의하여 두개골을 싸고 있는 두피는 매우 조밀한 신경 분포를 갖고 있어 각각의 모상은 피부의 심층부에서 솟아오른 5~12개의 신경섬유를 갖고 있으며, 머리카락을 매개로 하여 감각을 느끼게 한다. 두피는 머리카락과 연결된 피부로 그 아래는 매우 강한 섬유조직인 모상건막(epicranial aponeurosis)으로 구성되어 있다.

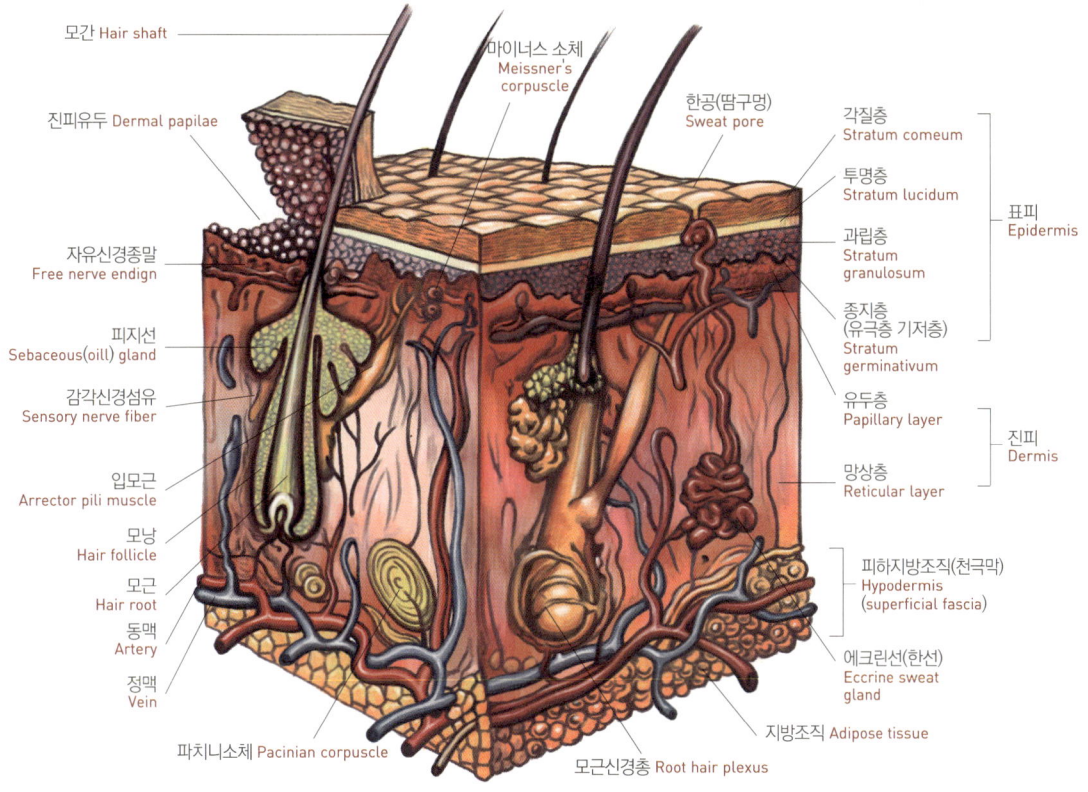

그림1-4 피부의 모식도

1) 표피(epidermis)

표피는 체내의 조직을 보호하고 수분 손실을 조절하며 배설되지 않은 몸 속의 노폐물인 기름기나 땀을 분비하는 기능을 한다. 두피의 표피 각질을 피부와 같이 약 28일을 주기로 각화되는데 기저세포의 분열이 진행됨에 따라 기저층 - 유극층 - 과립층 - 각질층으로 진행된다. 표피의 두께는 0.04~1.6mm에 이르며, 혈관이 없고 진피층의 많은 혈관들이 영양분을 전달해 준다.

이때 환경적·유전적 요인에 의해 각화 주기가 영향을 받으면 기저층에서 각질층까지의 이동 기간이 비정상적인 주기를 가지게 되면 비듬과 같은 이상현상이 발생한다.

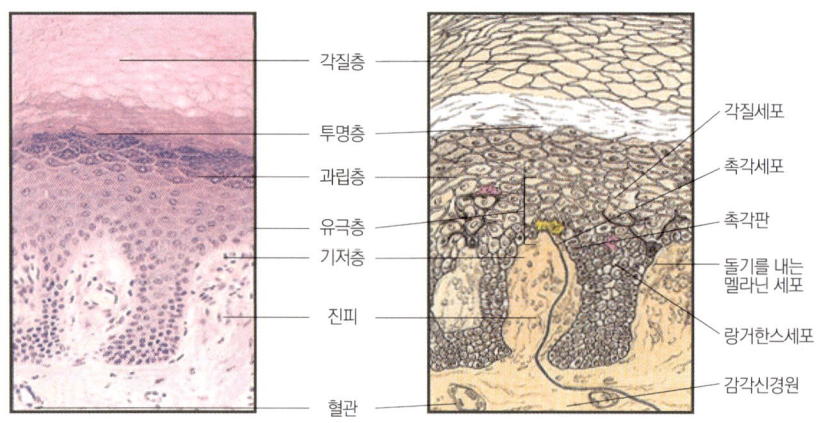

그림 1-5 피부의 조직학적 구조

각질형성세포(keratinocyte)

　각질형성세포는 표피의 주요 구성성분으로 표피의 바깥으로부터 각질층, 과립층, 유극층, 기저층의 4개의 층으로 이루어져 있으며 손과 발바닥 부위에는 각질층과 과립층 사이에 투명층이 존재한다. 표피세포는 기저층에서 생성되며 유극층, 과립층, 각질층을 거치면서 점차 수분을 잃게 되어 딱딱하고 건조한 각질을 가진 세포로 되는데 이러한 세포를 '각질형성세포'라고 하며 이와 같은 과정을 각화(keratinization) 과정이라 한다. 세포교체주기는 대개 4주이다.

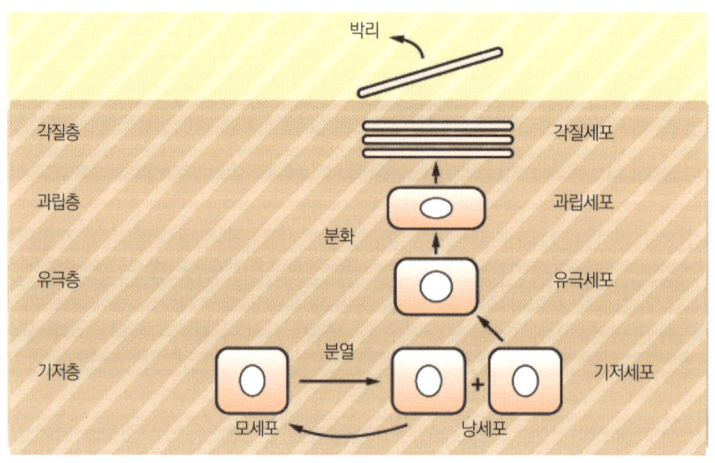

그림 1-6 각화 과정

2) 기저층(stratum basale)

기저층은 배아층이라고도 하며 표피의 가장 아래층을 구성하고 있다.

기저막 위에 한 줄의 원주세포층으로 기저대를 이루고 단층의 원주형·입방형의 약 6㎛ 세포로, 짙은 호염성 세포질과 짙게 염색되는 달걀 모양의 핵을 갖고 있다. 진피와 접하여 물결 모양을 이루고 있으며 기저층의 세포 내에는 케라틴을 만드는 각질형성세포와 색소형성세포가 있다. 또한 진피층의 모세혈관으로부터 영양분을 공급받으며, 하부는 교소체(desmosome)로 진피층과 연결되어 있어 분열을 계속하면서 표피세포의 증식을 담당한다.

멜라닌 형성세포(melanocyte)

표피에 존재하는 세포의 약 5%를 차지하고 있으며, 피부가 자외선에 노출되거나 정신적 인자, 호르몬 등의 자극을 감지하면 멜라닌 색소의 생성이 촉진된다. 멜라닌 형성세포의 수는 인종과 피부색에 관계없이 일정하며 피부색을 결정하는 것은 멜라닌 세포 안에 있는 멜라노좀의 분비능력, 수, 농도에 의해 결정된다. 멜라닌은 자외선을 흡수 또는 산란시켜 자외선으로부터 피부가 손상되는 것을 방지하는데 큰 역할을 한다.

머켈세포(merkel cell)

기저층에 위치하는 촉각을 감지하는 세포로 인체 피부에서 손바닥, 발바닥, 입술, 등의 모발이 없는 피부에서 주로 발견되며 신경섬유의 말단과 연결되어 있다. 신경세포와 연결되어 촉각을 감지하는 세포로 작용하기 때문에 촉각 세포라고도 한다.

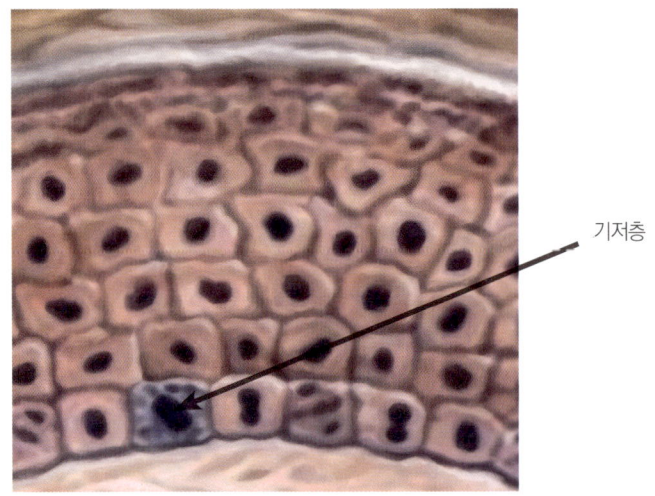

그림 1-7 기저층

3) 유극층(stratum spinosum)

유극층은 표피 가운데서 가장 두꺼운 층으로 표피의 대부분을 차지하고 있으며 5~10층의 다각형 세포들이 많은 돌기로써 이웃 세포와 가시돌기를 가지고 있어 세포들 사이에 마치 다리가 놓인 것처럼 세포간교가 잘 발달된 다각형 세포층이다.

랑게르한스 세포가 존재하고, 이 세포는 피부의 면역을 담당하며, 2㎛로 세포와 세포를 연결시켜 주는 세포간교(intercel lular bridge)가 영양물질과 정보를 전달하는 역할을 한다. 또한 세포사이내 림프액이 흐르기 때문에 림프마사지가 이루어지는 영역이기도 하며 혈액순환과 영양공급에 관여하여 피부미용과도 관계가 깊다. 유극층은 강한 응집력을 가지며 기저층에서 유극층까지는 수분을 약 70% 정도 유지하고 있어 표피 전체의 영양과 피로 회복을 담당하는 층이다.

랑게르한스 세포(langerhan's cell)

피부의 면역학적 반응과 알레르기 반응에 관계하는데 외부의 이물질인 항원이 피부에 침투하면 즉시 반응한다. 즉 피부에 맞지 않는 화장품이나 물질 등이 피부에 접촉되어 흡수되면 랑게르한스 세포가 관여하여 알레르기 반응을 일으킨다.

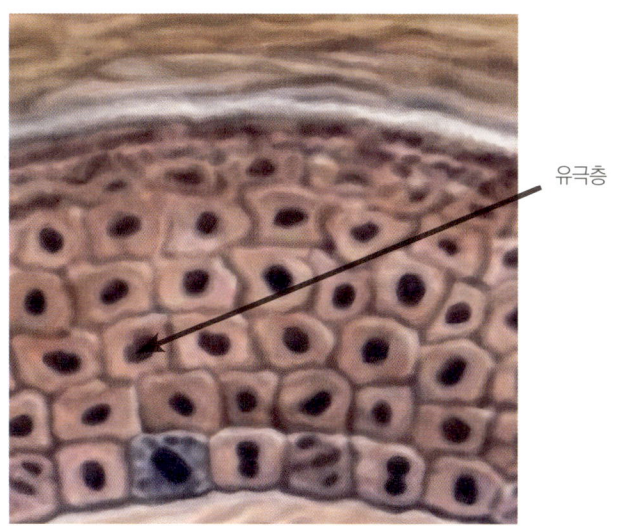

그림 1-8 유극층

4) 과립층(stratum granulosum)

과립층은 유극세포에서 이행되어 온 과립세포로 구성되어 세포로 수분이 30%로 감소되고 세포내핵이 사라지는 무핵의, 2겹 내지 3겹의 납작한 수평직경 25㎛의 세포층이다. 구성각화효소(keratohvaline)가 함유되어 있으며 각화작용이 시작되는 층이다. 수분 저지막(rain membrane)이 존재하며, 수분 증발 및 과잉이나 수분 침투 억제, 유해물질 침투 억제의 기능, 피부건조 방지의 중요한 역할을 한다. 과립층에서는 케라틴의 피부보호를 위한 각화작용과 멜라닌이 자외선으로부터 적극적으로 피부를 보호하려는 작용이 일어나며 피부트러블 원인 층인 레인 방어막(barrier zone)이 존재하여 과립층 하부로부터 수분 유실을 저지 시켜주는 미용층이다. 케라틴과 멜라닌의 비율은 인종마다 차이를 보이는데 흑인은 5:1, 황인은 16:1, 백인은 36:1이다.

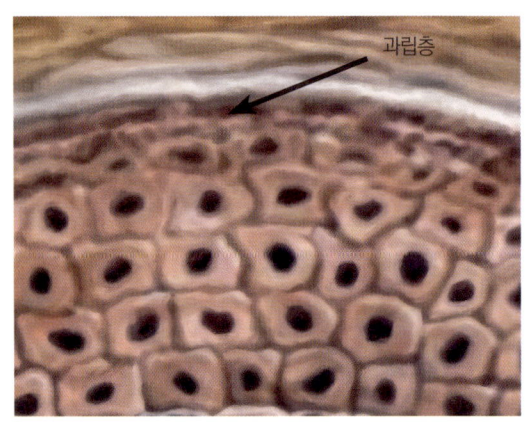

그림 1-9 과립층

5) 각질층(stratum corneum)

표피의 가장 바깥에 위치해 있으며 각질층은 피부보호의 최전방으로서 길이 30㎛, 두께1/2㎛의 무핵층으로 편평 세포가 라멜라 구조로 치밀하게 결합되어 있다. 정상 피부의 각질층인 경우 약 19~20장으로 구성되는데 비해 예민한 피부의 경우 약 10~12장, 지성피부의 경우 약 14~15장으로 구성되어 있다. 각질층을 형성하는 세포의 주성분은 케라틴이라는 단백질과 세포간지질, 천연보습인자, 수분으로 구성되어 있어 외부의 자극에 보호를 해주는 일차적 방어막이라고도 할 수 있다. 수분은 각질층 아래쪽이 30% 정도, 가장 위쪽은 15% 정도이며, 세포 간 지질과 천연보습인자(NMF;Natural Moisturizing Factor)로 인해 각질층의 최소한의 함유량을 조절한다.

- 세포 간 지질

각질층은 각질세포와 각질세포 간 지질의 두가지 성분으로 이루어져 있다. 각질세포는 단백질로 이루어져 피부장벽의 구조적 지지대 역할을 수행한다. 피부가 탄력성과 유연성, 보습성을 유지하는데 보다 중요한 작용을 하며 각질세포 간 지질은 세라마이드, 콜레스테롤, 지방산 등의 지질 성분으로, 서로 겹겹이 쌓인 층상의 구조를 이룬다. 신체로부터 수분 소실을 막아주므로 인체의 세포가 수분을 유지하고 항상성을 유지한다.

- **천연보습인자**(NMF)

각질층에 존재하는 수용성 성분의 총칭으로 각질층이 유연성을 나타내는 요인이 되며, 이것에 의해 적절한 수분을 유지할 수 있다. 가장 많은 부분을 차지하는 것은 아미노산이고, 그 다음으로 무기염, 피롤리돈 카르복실산, 젖산염 등이 함유되어 있다.

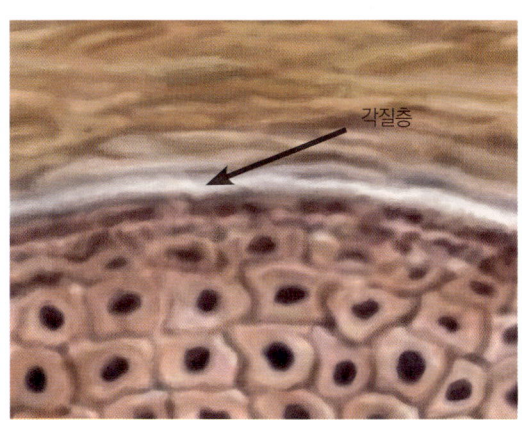

그림 1-10 각질층

6) 진피(dermis)

진피는 표피와 피하조직의 중간에 자리잡고 있으면서 피부의 주체를 이루는 층으로 피부의 90% 이상을 차지한다. 두께는 표피의 약 15~40배정도 되는 두꺼운 층으로 신체의 각 부분에 따라 0.5~4mm로 다양하다. 풍부한 결합조직으로 이루어져 있어 신체의 움직임과 함께 늘어나고 수축한다. 진피층은 교원섬유(collagen), 탄력섬유(elastin), 망상섬유(reticulin)로 알려진 세 가지 섬유로 상호연결되어 있으며, 진피의 주요 세포는 방추 모양의 섬유아세포(fibroblast)이다.

결합조직은 진피의 90% 이상을 차지하고 있으면 탄력섬유는 약 2% 정도를 차지하고 있다.

교원섬유는 모든 결합조직에 분포하고 있는데 장력을 가지고 있어서 이 섬유가 손상되면 노화로 발전된다고 알려져 있다. 진피에는 혈관, 임파선, 신경, 땀샘, 피지선 등 여러 기관이 분포되어 있으며, 외부의 열과 추위, 내부의 불안이나 출혈과 같은 자극에 반응하여 혈관이 확장·수축됨으로써 체온과 혈압이 조절된다.

진피의 혈액은 표피에 영양을 공급하고 진피의 결합조직은 표피층을 지지해 주며 촉감·통증·온도에 반응하는 감각섬유가 포함되어 있다. 모발의 근원이 되는 모낭이 바로 진피층에서 발생하여 성장하기 때문에 진피층은 문제성 두피와 탈모의 원인을 이해하는 데 매우 중요하다.

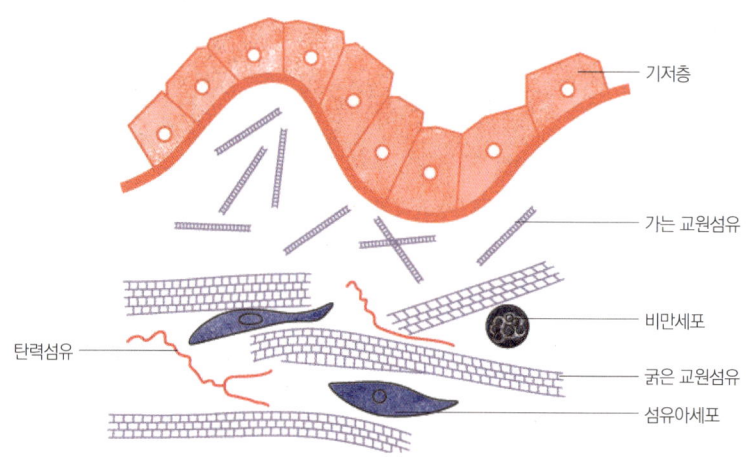

그림 1-11 진피의 단면

(1) 유두층(papillary layer)

전체 진피의 10~20%를 차지하며 표피 돌기 사이에서 피부의 표면을 향해 융기되어 있는 부분으로 섬유가 드물고 사이사이에 수분이 많이 함유되어 있다.

유두층은 결합조직(Connective Tissue)으로 콜라겐이 차 있으며 거의 수직적인 형태로 이루어져 있다. 모세혈관이 풍부하여 기저층에 많은 영양분을 공급함으로써 표피의 건강 상태를 좌우한다.

(2) 망상층(reticular layer)

진피층의 대부분을 차지하는 층으로 넓게 혹은 길게 늘어날 수 있는 탄력성을 지니게 한다. 이 층은 세포 성분과 세포 간 물질로 구성된 두꺼운 층인데, 세포 간 물질인 콜라겐과 엘라스틴으로 이루어져 있어 피부가 과도하게 늘어나거나 파열되지 않도록 한다.

진피의 섬유

- 교원섬유(collagen fiber) : 피부의 결합조직을 구성하는 주요성분, 진피성분의 90%를 차지하는 섬유단백질로 섬유아 세포에서 생성된다. 콜라겐은 현미경 관찰시 백색을 띠며 물에 넣고 끓이면 아교처럼 끈끈해져 젤라틴화 된다. 이것은 진피 뿐 아니라 인대나 뼈, 혈관, 치아에도 많은 비중으로 함유되어 있는데 자체적으로는 탄력성이 매우 적으나 엘라스틴과 함께 피부에 장력과 탄력성을 제공한다. 수분을 다량함유하고 있으며, 진피 내의 콜라겐은 피부 노화현상과 자외선의 영향으로 인해 그 양이 감소되어 형태가 변하게 된다.

- 탄력섬유(elastic fiber) : 진피에 있는 섬유 성분 중 비교적 적은 부분을 차지하지만 변형된 모습이 원래의 모습으로 되돌아오도록 하는 탄력성과 신축성을 제공한다. 진피 성분의 2~3%를 차지, 가교 결합을 만들어 피부탄력에 기여하는 중요한 요소이며 피부 파열을 방지하는 스프링 역할을 한다. 현미경 관찰 시 황색을 띠고 콜라겐과 같이 섬유아세포에서 형성된다. 물에 가열해도 젤라틴화 되지 않으며 각종 화학물질에 대해서도 저항력이 매우 강하다. 연령이 많아지면 탄력섬유가 파괴되어 피부가 이완되고 주름이 발생하게 된다.

- 망상섬유(reticulin) : 많은 기관의 지지조직을 구성하는 가는 실 모양의 결합조직으로 무정형(無定形)의 기실물질에 싸인, 방향싱이 없는 골라겐싱 원섬유(fibril)로 구성되어 있다.

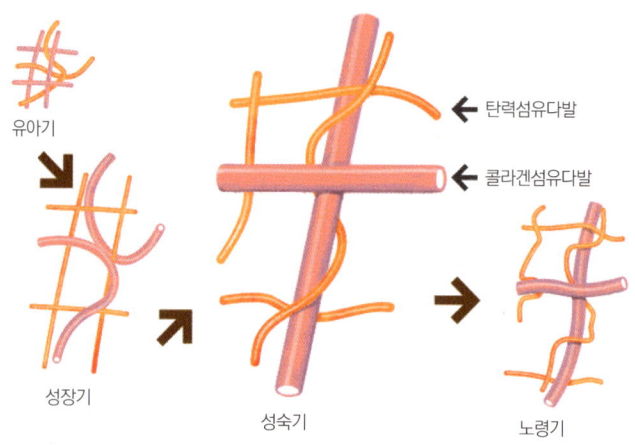

그림 1-12 탄력섬유와 주름

7) 피하조직(subcutaneous tissue)

진피와 근육, 골격사이에 존재하고 지방을 다량 함유하고 있으며 결체조직으로 이루어진 층이며 때로 지방조직층으로도 불린다. 지방세포와 섬유성 중격(fibrous septa)으로 이루어진 피하조직은 기본적으로 피하지방층에 산재해 있는 소성 결합조직으로 교원섬유와 탄력섬유로 구성되어 있으며, 이러한 지방 세포들은 열을 보존하고 보호하는 완충 역할을 한다.

따라서 피하의 기계적 유동성과 깊은 관계가 있으며 피하조직의 두께는 부위에 따라 개인의 체형이 결정되며 그 두께는 성별·연령·개인의 영양 상태 및 신체 부위에 따라 다양하다. 지방조직은 눈꺼풀, 고환, 경골 등에는 없으며 연령·유전 요인 그 외 많은 요인들에 의해 피하조직의 영향을 받는다. 또한 피하조직은 여성호르몬(estrogen hormone)과 관계가 깊어 여성의 신체 곡선을 준다.

6. 두피의 기능

1) 보호기능

　진피의 탄력성과 피하조직의 완충작용으로 외부로부터 압력을 막아주고, 모든 기관을 충격·더위·추위·자외선 및 이물질 등 각종 외부 환경으로부터 보호와 화학적 자극으로 pH가 일시적으로 균형을 잃더라도 다시 돌아오는 힘이 있으며 약산성의 피부막은 미생물의 번식을 막고 또 면역체를 만드는 특수한 성질이 있다. 또한 약산성인 두피는 세균 증식을 억제하고 멜라닌은 피부 세포가 자외선에 의해 손상되는 것을 막아주는 색소 방어막 역할을 한다. 또한 표피에 있는 랑게르한스 세포(Langerhan's cell)는 면역 반응을 활성화하여 이물질이나 항원을 림프구를 동원하여 처리하고, 진피에 있는 대식세포는 바이러스와 세균을 처리하는 두 번째 방어선 역할을 한다.

2) 흡수작용

　피부는 외부로부터 이물질의 침입을 막고 있는 것 뿐 아니라 호흡과 외부물질을 생체 내로 투과하기도 한다. 두피의 흡수작용으로 수분 등 필요한 물질을 흡수하기도 하는데 표피의 피부 방어막으로 인해 과립층까지만 흡수가 용이하다.
　그러나 흡수작용을 통해 침입한 화학제품의 일부 성분이 모낭의 조직 세포들을 파괴하여 제 기능을 못하게 하기도 한다.

3) 호흡 및 배설작용

　피부 조직 내에서 당류를 산화하여 이산화탄소와 물로 분해시키는 반응과 함께 외기와 호흡도 한다. 피부와 마찬가지로 두피도 다른 피부와 마찬가지로 호흡을 하며 체내의 유해물질과 노폐물들을 배설하고 두피의 피지에 각질 및 노폐물들이 쌓이면 모공을 막아 피부 호흡이 저하되어 두피에 염증을 발생시키거나 모발의 연모화를 초래한다.

4) 감각기능

　두피는 냉감·온감·압감·통감 등의 감각을 느낄 수 있다. 이 신경에 의해 두피를 압박하거나 온도에 의한 자극을 주면 두피의 모세혈관이 확장되어 자극에 민감하게 반응한다.

5) 체온조절기능

두피는 체내의 신진대사 결과로 오는 온도 변화 또는 외부의 기온 변화에 적응하기 위해서 수시로 체온조절을 해야 한다. 피부의 혈관이 온도조절의 가장 주된 역할을 하는데, 혈관의 확장으로 많은 양의 혈액을 흐르게 하고 혈액으로부터 나오는 열을 피부를 통해 몸 표면으로 발산함으로써 몸 안의 열을 방출하는 것이다.

그 이상의 열 발산은 땀 분비 증가로 이루어지는데 땀의 수분을 증발시키는 데는 열이 필요하므로 체온이 내려간다. 반대로 혈관의 수축은 혈액량을 감소시킴으로써 열의 손실을 막아준다.

6) 대사기능

표피에서 프로비타민 D2인 에르고스테롤(ergosterol)은 자외선(ultravioletray)과 열에 의해 비타민 D로 합성된다.

hair and scalp management

Chapter 2
모발의 특성

모발(毛髮)은 단단하게 밀착되고 각화된 상피세포로 이루어진 고형의 원추섬유(cylindrical fiber)이다. 손바닥, 발바닥, 손가락 및 발가락의 말단부, 점막의 경계부, 귀두부를 제외한 몸 전체에 분포하고 있으며, 전신에 약 130~140만 개, 이중 머리카락은 약 10~20만개 정도이며 평균 0.35mm/day의 속도로 성장한다.

1. 모발의 기능

1) 보호기능

머리를 감싸 외부의 자극으로부터 보호를 해준다. 머리카락이 두개골에 오는 충격을 완화시켜 두개골을 보호함으로써 궁극적으로 뇌를 보호하기도 하며 태양광선과 추위 및 외부의 자극으로부터 뇌를 보호한다.

2) 감각기능

모근의 지방선과 입모근의 일부분에 지각신경이 방사상으로 분포되어 작은 자극에도 반응하므로 촉각으로 인체를 보호한다.

3) 장식기능

모발을 이용해 퍼머, 염색, 업스타일, 커트 등의 스타일을 통해 아름다움과 개성을 표현하는 것으로 같은 사람이라도 헤어스타일과 컬러를 다르게 표현하는 것만으로 색다른 느낌을 줄 수 있기 때문에 개인적인 장식 기능의 주요한 역할을 한다.

4) 배출기능

모발은 혈액순환에 의해 받은 영양분으로 성장하기 때문에 혈액 내에 있던 유해한 성분들이 모발을 통해 체외로 배출된다.

모발은 적극적으로 수은 등의 유해 금속을 체외로 배출하는 역할이 있다고 알려져 있으며, 모발 중의 미량금속 측정으로 혈액과 요의 검사와 같이 체외물질 대사이상을 관찰하고 병을 예견할 수 있다고 보고되었다.

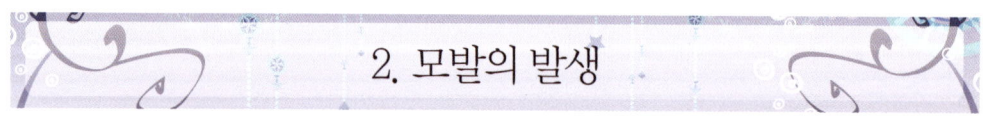

2. 모발의 발생

모낭이 형성되었을 때부터 시작되며, 이 모낭을 구성하는 세포는 피부의 표피에서 유래된다. 사람의 표피는 수정 후 6~7주가 되면 표피 안쪽으로부터 배아층, 중간층, 주피의 3층으로 분화된다. 인체의 여러기관을 형성하는데 이 중 모발은 외배엽에 속한 피부의 표피에서 유래된다. 모는 태생기에 표피의 함몰로 배아층 세포가 촘촘히 집합체를 이루어 형태를 형성하기 시작하며 세포분열이 활발히 일어나 모낭이 형성되면서 시작된다.

1) 모낭의 배아발생 단계

외배엽판-전모아기-모항기-모구성 모항기-모낭을 거쳐 형성되며 모는 배엽의 형성 중 외배엽에서 기원된다.

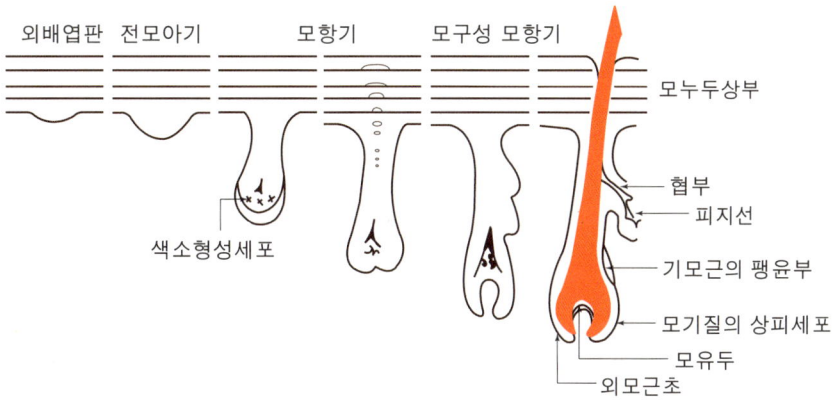

그림 2-1 모낭의 배아발생

(1) 외배엽판(ectoderma placode)

- 모아 형성 개시 단계
- 모낭 발생 부위에서 처음 관찰되는 움직임이 일어나는 곳
- 모낭 세포 분화 형성에서 모아 형성 개시 단계
- 배아층 세포, 주피 2층으로 구성

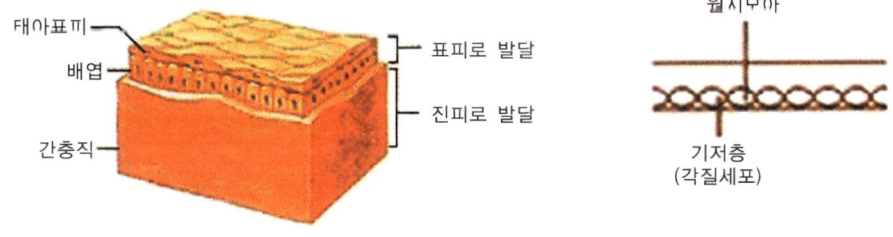

그림 2-2 배아 7주째 외배엽판

(2) 전모아기(pre-hair germ stage)

- 진피층으로 침입 모아의 형성개시 단계
- 배아층이 세포와 주피의 2층으로 구성 진피쪽으로 볼록해짐
- 빠른 속도로 모아기로 이행, 진피 중간엽 세포의 응축이 일어남
- 12~14주에 중간층이 3-4층으로 나뉘며 두꺼워짐

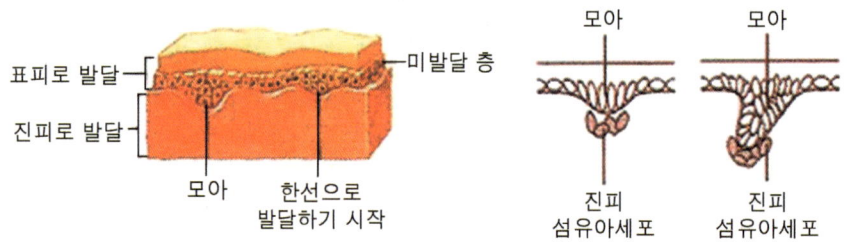

그림 2-3 배아 12주째 모아기

(3) 모항기(hair peg stage)

- 유두가 될 간엽성 세포 집단이 형성되는 단계로 진피쪽으로 볼록해진 표피가 아래쪽으로 증식
- 상부: 피지선의 근원, 하부: 팽윤부로 초기 퇴화와 함께 기모근이 부착됨

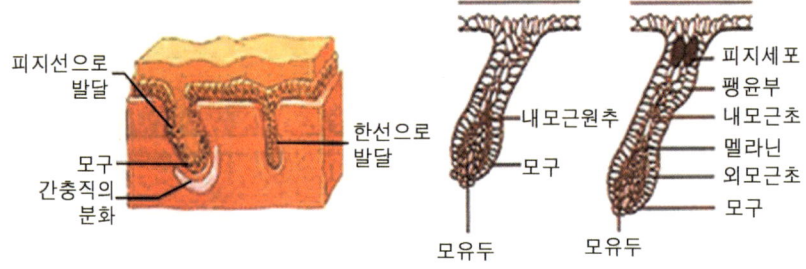

그림 2-4 태아 15주째 모항기

(4) 모구성 모항기(bulbous hair peg stage)

- 모구가 형성된 단계로 모낭 돌출 끝의 모기질 부위가 모유두를 둘러싸기 위해 볼록해짐
- 피지선, 기모근의 부착 부위가 팽창
- 모근 팽윤에 따른 모구부가 둥그렇게 형성, 모낭 중심부에 모추가 형성

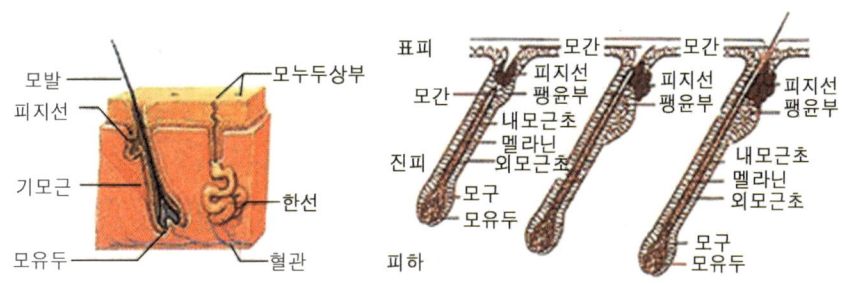

그림 2-5 모구성 모항기

(5) 모낭 형성

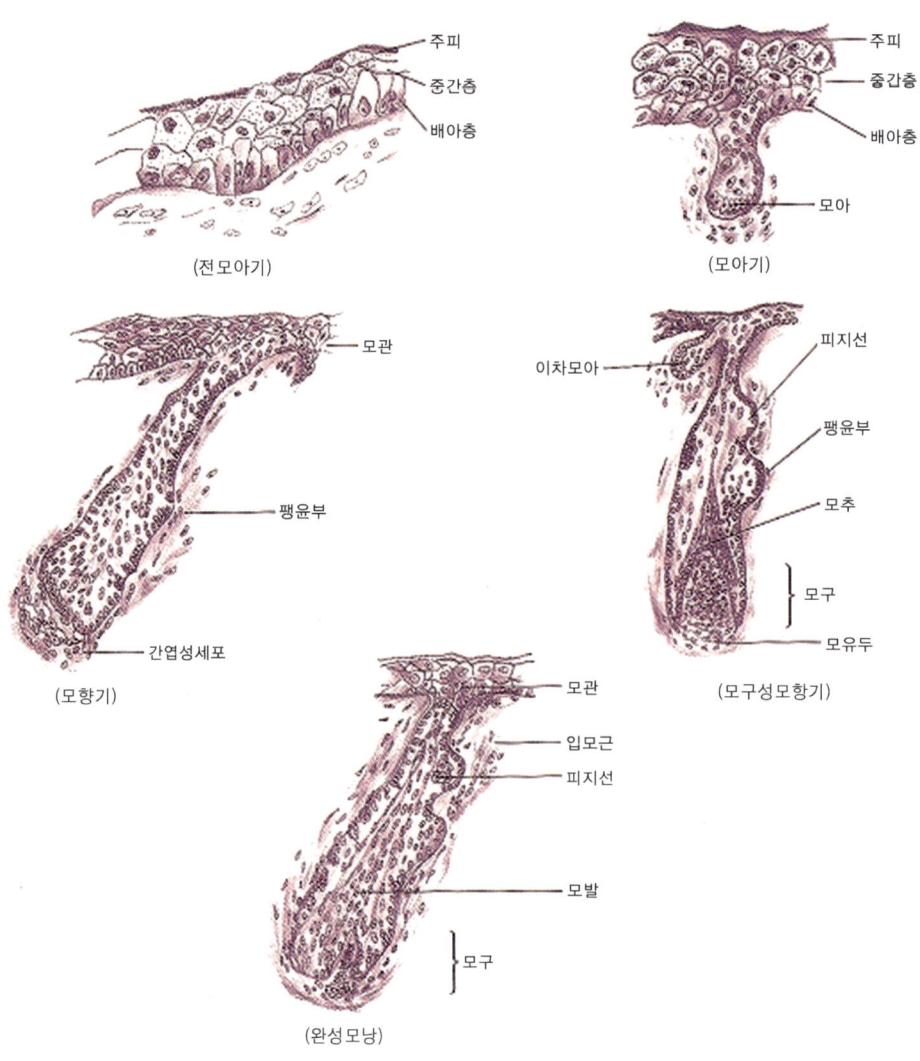

그림 2-6 모낭 형성과정 모식도

3. 모발의 구조

모발은 표피에서 외부로 나와 있는 모간부(hair shaft)와 표피 내부에 있는 모근부(hair root)로 대별되며, 모발은 모낭 내에서 완전히 만들어진다. 모발의 모양은 마치 식물의 구근에서 줄기가 자라나는 모양을 하고 있는데 이 구근 모양의 부분을 모구(hair bulb)라고 한다. 이 모구의 하반부 중심에는 모유두(hair papilla)가 있고 이를 둘러싼 부위를 모모라고 하는데, 모모는 세포분열이 일어나 털이 생겨나는 모체가 되는 곳이다.

분열된 세포가 성장하여 분화된 조직이 되고 다시 피부 표면으로 이행함에 따라 각화된 제일 안쪽이 모발이며, 모발은 중심으로부터 모수질·모피질·모표피의 세 가지로 구분되어 있다. 이 털을 싸고 있는 것이 내모근초이고 그 바깥쪽에는 표피의 연장인 외모근초가 있다.

외모근초 밖에는 모유두의 연장이라고 할 수 있는 모낭외초가 모낭의 하반부를 둘러싸고 있는데 여기에 무수한 모세혈관이 거미줄처럼 망을 형성하고 있다.

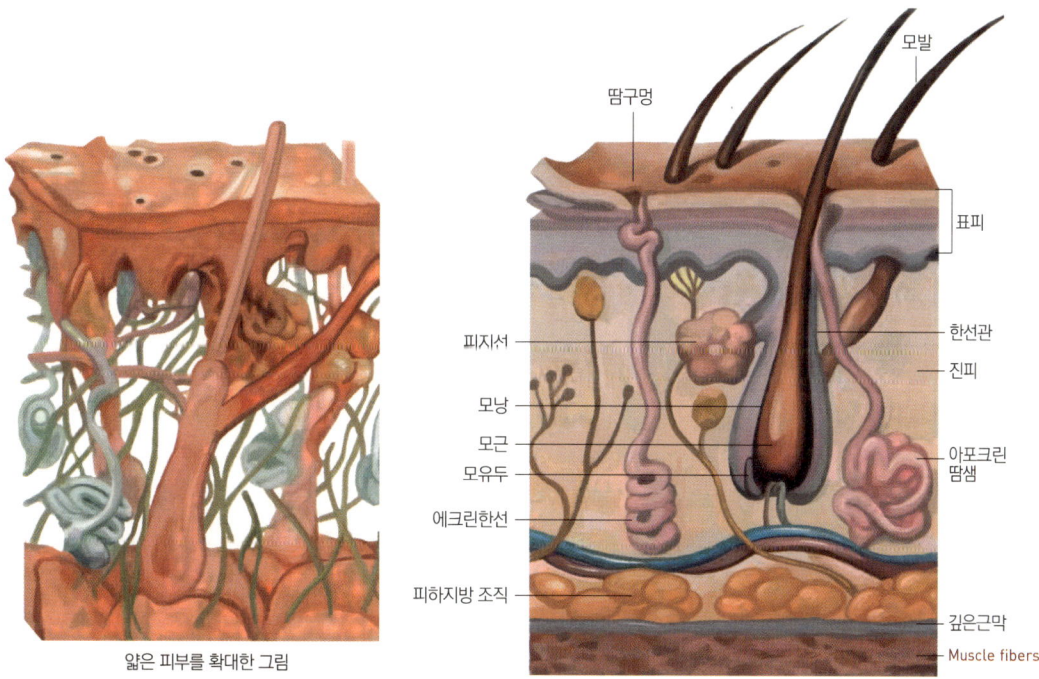

그림 2-7 모발의 구조

1) 모근부

피부의 구조물들은 발생 초기에 특별히 분화된 표피 세포들의 집단에서 유래한다.

작은 돌기(buds: primary epithelial germs)가 생후 3개월에 피부에 나타나서 모낭, 피지선, 아포크린선으로 발달하며 부착 융기(attachment bulges)는 입모근(arrector pili muscle)이 된다. 에크린 한선(小汗腺; eccrine sweat gland)은 분리된 표피의 아래 방향으로 자람(down growth)으로써 이루어지는데, 생후 2개월에 시작하여 생후 5개월에 완성된다. 손발톱의 형성은 생후 3개월에 시작된다.

모낭의 기저(bottom)에 있는 구근적(bulbous)인 모구는 세포분열(cell division occurs)이 일어나는 모모세포(germinal matrix)를 포함하고 있다.

모근은 피부가 함몰된 피부주머니인 모낭(hair follicle)에 박혀 있는 부분으로 이들의 끝은 다소 팽대되어 모구부를 이룬다. 모구부는 컵 모양으로 모유두를 수용하여 털·모발의 성장 발육을 관장하고, 모유두는 혈관이 풍부하며 모발에 영양을 공급한다.

모발은 외력을 사용해 억지로 뽑으면 모근 끝에 젤리 모양의 반투명의 물질이 붙어나온다. 이것이 바로 모낭(hair follicle)의 일부이다. 모낭 주위에는 피지를 분비하는 피지선과 입모근(arrectorvpili muscle)이 있다. 입모근은 평활근으로 비스듬히 위치하는 모낭과 진피유두층 사이에 걸쳐 있어 입모근이 수축하면 모발이 바로 서고 또 피지샘을 압박하여 피지(sebum)를 방출한다.

한편 모낭 주위에는 이들을 둘러싸는 신경종말이 있어 모발이 바람결에 흔들리거나 물체가 닿아 자극되면 이를 감각으로 느낄 수 있다.

(1) 모구(hair bulb)

모구는 모근의 가장 아랫부분에 있으며 모발을 생장시키는 부분이다. 둥글고 연한 색을 띠며 모구부의 아랫부분은 진피의 결합조직(connective tissue)에 묻혀 있고 이 움푹 패인 부분에는 진피세포층에서 나온 모유두(hair papilla)가 들어 있다.

모유두는 한 줄로 된 모기질(毛基質, hair matrix)이 감싸고 있는데, 털을 만드는 케라틴 형성세포(keratinocyte)인 피부세포와 같은 이 모기질은 모구부 바로 위 1mm 지점에 위치하며 세포분열이 시작되는 표피의 기저층(basal layer)에 해당된다.

(2) 모유두(hair papilla)

모유두는 발생 시에 간엽세포로부터 유래하는데, 모구의 아랫부분에 위치하고 있는 모유두는 신경과 모세혈관이 풍부하며 모발을 성장시키는 영양분과 산소를 운반하는 등 모발의 성장을 돕는 직접적인 영양 공급원이다.

(3) 모모세포(毛母細胞 ; keratinocyte)

모모세포는 모유두와 접해 있는 부분으로 모유두를 감싸고 있으며, 내모근초와 모간을 형성하며 형체를 만들고 있는 세포 가운데서도 특히 세포분열이 왕성하여 끊임없이 분열·증식을 되풀이한다.

이 모모세포가 모유두에서 영양을 받아 분열되어 모발의 형상을 갖추어 성장하는데, 여기서 분열된 세포(cell division)가 각화하면서 위로 모발을 만들어 두피 밖으로 밀려나오며 이것은 모표피, 모피질, 모수질로 구분되어 성장한다.

(4) 모기질(hair matrix)

모발을 만드는 세포로, 모기질 세포와 모발색을 나타내는 색소형성 세포로 구성되어 있다. 가장 활발한 세포분열을 보이며 모유두와 접해 있어 성장조절물질의 영향을 받는다.

(5) 모낭(毛囊; hair follicles)

모낭은 주머니 모양의 기관으로 모발을 둘러싸고 있다. 내·외층 피막으로 대략 10만개 정도로 태어날 때부터 이미 정해져 있고 약 25세 이후가 되면 점차 감소하기 시작한다. 처음에는 부드러운 연모이지만 성숙하게 딱딱한 경모가 된다. 모낭은 모발 생성을 위한 기본 단위로서 피부의 함몰로 생긴 것이다. 이것은 피지선, 기모근 그리고 겨드랑이 지역에서 발견되는 아포크린 선(apocrine gland) 등을 포함하는 모발 복합체(pilary complex)에서 가장 중요한 구조물이다. 모낭은 손과 발바닥, 입술과 귀뒤를 제외한 전신의 모든 피부에 분포하며 일단 파괴되고 나면 재생할 수 없다.

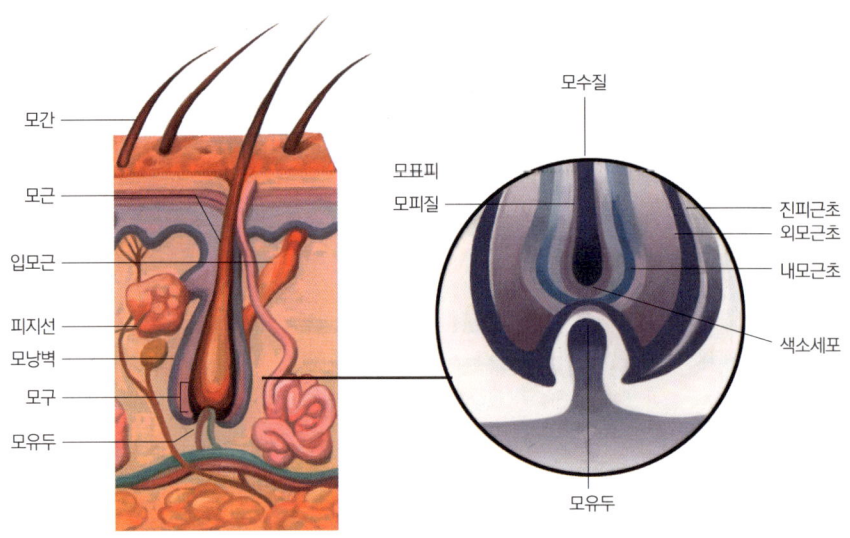

그림 2-8 모낭과 모유두

hair and scalp management

Chapter 3
모발의 생리적 특성

1. 모발의 성장주기

　모발은 주기적으로 성장기(anagen), 퇴행기(catagen), 휴지기(telogen), 발생기(new anagen stage)의 과정을 반복하며 모근세포가 각기 다른 주기를 가진다. 인체의 모발은 약 100만 개에 이르며 두피에만 약 10만 개가 있다. 두피의 모발인 머리카락은 하루 평균 0.35~0.4mm씩 자라나며 각각의 모발은 태어날 때 그 숫자가 개인마다 정해져 있다.

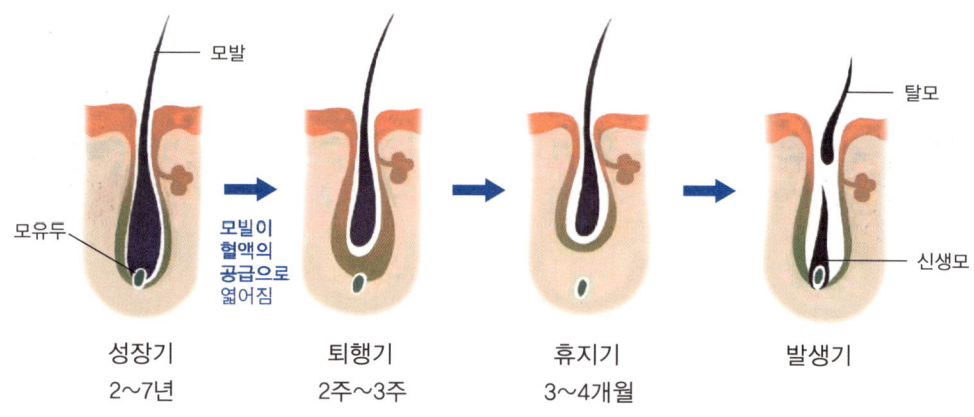

그림 3-1 모발의 성장주기

1) 성장기(생장기; anagen)

모발은 모모세포가 모유두에 접해 있는 모세혈관을 통하여 산소와 영양분을 공급받아 세포분열을 일으켜 모발이 성장하기 시작한다. 이 단계는 생장기 혹은 성장기라 불린다.

성장기의 수명은 2~7년이며 전체 모발의 80~90%가 성장기 단계로 하루 평균 0.35~0.4mm, 한 달 평균 1~1.5cm 정도 자란다. 성장기는 영양이나 체내 호르몬 등의 영향을 받아 변화될 수 있다.

모발의 성장 속도는 피부 표면에 나오기 전까지는 남성이 빠르고 표면에 나와서부터는 여성이 빠르며, 특히 겨드랑이나 치모는 여성이 남성보다 배의 속도로 자란다.

모발의 길이가 25cm가 된 이후에는 자라는 속도가 반감되는데, 여성 모발의 성장 속도는 15~25세까지가 가장 빠르며 1년 중 성장이 빠른 시기는 6월과 7월이고, 낮보다는 밤에 성장 속도가 빠르다

성장기과정

1단계 : 모구로부터 모낭으로 나가려고 하는 모발을 생성

2단계 : 딱딱한 케라틴이 모낭 안에서 만들어진 후에 다음 단계인 퇴행기까지 자가 성장을 계속한다.

2) 퇴행기(퇴화기; catagen)

성장기가 끝난 후 모발은 세포분열이 정지되어 더 이상 모발의 형태를 유지하면서 케라틴 성분을 만들지 않는 시기로 기간은 2~3주 정도이고 전체 모발의 1%를 차지한다. 모구부가 수축하여 모유두와 분리되고 모낭에 둘러싸여 위쪽으로 올라가며, 이때 세포분열은 정지 상태로 더 이상 케라틴을 만들어 내지 않는다.

3) 휴지기(talogen)

모발 성장의 마지막 단계로 성장은 일어나지 않으며 모유두가 위축되고 모낭은 차츰 쪼그라들며 모근은 위쪽으로 밀려 올라가 있고 모낭의 깊이도 1/3로 줄어드는 단계이다. 다음 성장기가 시작될 때까지의 수명은 3~4개월로 전체 모발의 약 15%가 휴지기 상태이며 이 시기에 모발은 빗질에 의해서도 쉽게 탈락된다. 계절의 영향에 따라 봄과 가을에 탈락하는 머리카락의 수가 늘어나기도 한다. 여성의 경우, 출산 후에는 일시적으로 휴지기가 30~40%로 늘어난다.

4) 발생기(return to anagen)

배아세포의 세포분열이 왕성해지며 새로운 모발이 생성되는 시기로 모구가 팽창되어 새로운 신생모가 성장하는 기간으로 한 모낭 안에 서로 다른 주기의 모발이 공존하며 휴지기의 모발 탈락을 유도한다. 발생기는 개인의 질병, 유전 체질, 연령 등에 따라 차이를 보인다.

2. 모발의 분류

1) 모발의 굵기에 따른 분류

모발의 굵기는 0.05~0.15mm이다. 연모는 0.06mm 정도이며 성모는 0.1mm이나, 동양인의 경우는 대략 0.08mm 정도이다. 모발의 수는 인종·모질·색에 따라 차이가 있지만 평균적으로는 금발인 경우는 14만 개 이상, 황갈색은 11만 개, 적갈색은 9만 개로 다소 적으며, 한국의 경우는 대략 10만 개다. 또한 일반적으로 1㎠당 150개 정도이며 모발의 밀도는 여성이 남성보다 평균이 높다.

(1) 취모(배냇머리, lanugo hair)

취모는 일명 '배냇머리'라 불리는 솜털로 태내에서 생긴 털로서 모발 중 가장 가늘고 연하다. 모태(母胎)에 있을 때는 4~5개월까지 거의 전신에 발모며 출생 무렵부터 탈락되어 연모로 대치된다.

(2) 연모(솜털, vellus hair)

연모는 피부의 대부분을 덮고 있는 직경 20~40㎛ 정도의 섬세한 털로 모수질이 없고 부드러우며, 멜라닌색소가 적어 갈색을 띠고 있다. 출생 후 성장함에 따라 부위에 따라 성모로 바뀐다.

(3) 중간모(intermediate hair)

중간모는 연모와 성모의 중간 굵기의 모발이다.

(4) 성모(종모, 경모, terminal hair)

성모는 직경이 60~120㎛ 정도의 굵은 털로 머리카락·눈썹·속눈썹·수염·겨드랑이를 구성하고 있는 모발로 모발이 자라고 있는 모낭의 수는 태어날 때 모두 결정되므로 성인이 되어도 모낭은 증가하지 않는다. 성인보다 유아 쪽 모발의 양이 적게 보이는 것은 털(毛)이 가늘고 모낭에서 생성되지 않는 털도 있어서 성인보다 전체 모량이 적기 때문이다.

사춘기가 되면 모든 모낭에서 성모로 성장하여 사람의 일생에서 가장 모발이 많은 시기에 들어간다. 그러나 성모도 모주기(hair cycle)를 되풀이하여 나이가 들어감에 따라 연모(軟毛)로 되돌아가는 현상을 보이고 있다. 특히 남성형 탈모증(male patten alopecia)에서는 이런 현상이 두드러지게 나타난다.

2) 모발의 형상(shape of hair)에 따른 분류

모발은 그 형상에 따라 직모(straight hair), 파상모(curly hair), 축모(kinky hair)의 3종류로 분류할 수 있으며 주로 인종에 따라 차이를 구분할 수 있다. 직모의 경우 단면이 원형에 가깝고 축모는 타원형에 가깝다. 모발의 횡단면의 모양이 동양인의 경우는 원형에 가까운 형태를 띄며, 흑인은 편평한 편이다. 이러한 형태는 근본적으로는 유전에 기인하며, 모발이 모구부에서 생성되어 각화하면서 위로 올라오는 과정에서 모발의 성장을 보조하는 내모근초와 외모근초의 형태에 따라 결정될 수도 있다.

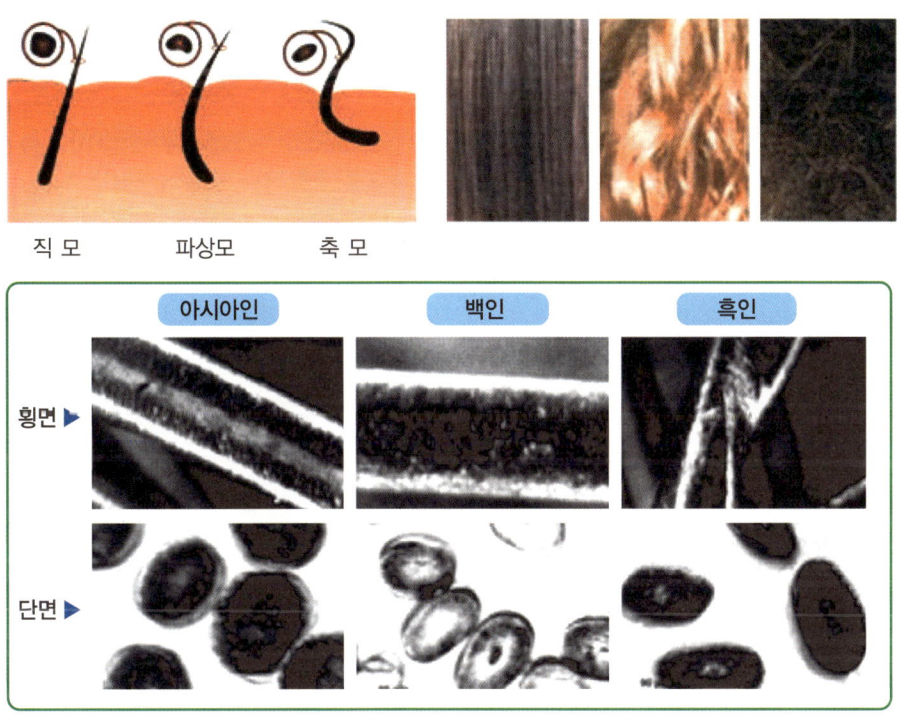

그림 3-2 모발의 형상에 따른 분류

(1) 직모(straight hair)

직모는 동양인에게서 주로 나타나는 모발의 형상으로 모발의 단면이 원형에 가깝고, 모낭의 형태가 꼿꼿하여 머리카락도 곧게 성장하며 대부분의 동양인에게는 직모의 양이 많고 부분적으로 파상모가 혼합되어 있는 형태이다. 머리카락이 직모라 하더라도 음모와 액모는 파상모 내지는 축모가 있듯이 모발의 발생 부위에 따라서도 형상의 차이가 있다.

(2) 파상모(wavy hair)

파상모는 유전적 체질에 의해 나타나는 것으로 알려져 있으며 모발의 단면이 표면이 만곡되어 있어 굵기가 일정하지 않은 타원형으로 모낭의 한쪽이 약간 굽어 곱슬거리는 모발로 성장한다.

(3) 축모(kinky hair)

흔히 곱슬머리라고 불리는 모발의 형태로 모낭이 활처럼 한쪽으로 휘어 있어 모발이 꼬불꼬불하게 성장하며, 머리카락의 횡단면은 매우 작게 오그라진 타원형·삼각형에 가깝다.

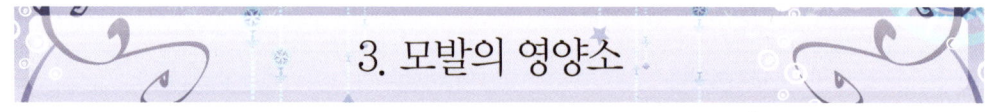

3. 모발의 영양소

모발의 성장은 모세혈관을 통하여 모유두가 영양을 공급받아 성장하게 되므로 영양과 긴밀한 관계를 가지고 있다. 우리가 건강을 유지하기 위해서는 영양소의 섭취가 균형을 이루어져야 건강한 삶을 유지할 수 있는데, 인간이 필요로 하는 영양소는 대략 50여종이며 우리에게 필요한 영양소는 기본적으로 탄수화물, 단백질, 지방과 같이 생활에 필요한 에너지원을 공급하는 영양소와 무기질, 비타민과 같이 미량이 필요하지만 신진대사에 매우 중요한 영양소로 구분된다.

1) 영양소의 역할

인간이 건강한 일상생활을 영위하기 위해 음식물을 섭취하여 성장과 건강을 유지하는데 필요한 물질로 영양소의 종류는 몸을 구성하는 물질, 신체활동에 에너지원이 되는 물질, 미량의 원소이지만 신체의 기능을 조절하는 물질로 분류할 수 있다.

① 몸을 구성하는 물질을 공급한다.
② 영양소의 또 하나의 기능은 몸에 에너지를 공급해 주는 일이다.
③ 신체 내에서 생리적인 기능을 조절하는 역할이다.

2) 단백질

단백질은 여러 종류의 아미노산으로 구성된 것으로 조직의 재생과 보수에 관여하며 효소, 호르몬의 합성을 위한 주성분으로 피부 저항력을 증진시키는 역할을 한다.

3) 탄수화물

탄수화물은 지방, 단백질과 함께 에너지를 공급하는 3대 영양소로 단당류, 이당류, 올리고당, 다당류가 있고, 탄소(C)M, 수소(H), 산소(O)로 구성되어 있으며 단맛을 내는 것 외에도 소화가 쉽게 우리 몸 안에서 독성물질을 적게 만드는 특징이 있다. 탄수화물의 작용은 열량 대사가 주된 역할이며 여분의 탄수화물은 지방으로 전환되어 피부나 체내에 저장된다.

4) 지질

유기용매에는 잘 용해되는 성질을 갖고 있으며, 상온에서 고체인 지방과 액체인 기름이 있다. 화학적으로는 당질과 같은 구성원소, 즉 탄소(C), 수소(H), 산소(O)를 주원소로 하여 구성되어 있는 유기화합의 일종이다.

탄수화물이나 단백질과 같은 열량소에 비해서 g당 열량이 크기 때문에 같은 양을 섭취했다고 하더라도 지방은 더 많은 에너지를 생산해 낼 수 있다.

5) 비타민

비타민은 필수 에너지원은 아니지만 호르몬과 같이 소량으로도 작용하는 것으로서 없어서는 안 될 중요한 영양소이다.

신체의 기능을 조절하며 부족시 신체적 균형을 잃게 하는 영양소로 피부를 건강하게 하고, 비듬과 탈모를 방지한다.

(1) 지용성 비타민

① **비타민A**
- 기름에 녹는 성분(체내에 흡수되면 배출이 안된다) : 독소로 변해 많이 섭취하지 않는 것이 좋다.
- A가 결핍되면 피지분비 및 땀샘의 기능저하로 인해 각질층이 두꺼워지며 피부나 점막은 건조하여 까칠한 조직을 형성한다. 심각하면 모공주위가 각화되며, 위축되어 모공 각화증이라고 하여 모공 주위가 딱딱하게 돌기 되어 탈모가 촉진된다.
- 공급원 : 송아지 간, 달걀, 당근, 멜론
- 결핍증 : 안구건조증, 야맹증, 피부건조, 각막연화증
- 효능과 생리적 기능 : 눈의 건강유지, 항암작용, 황산화작용, 점막구성성분, 성장촉진, 피부, 머리카락, 알레르기 질환 개선, 잇몸 등을 건강하게 유지한다.
- 피지선 강화 기능이 있다.

② **비타민D**
- 모발 재생과 깊은 관련이 있다. 자외선 조사에 의해 생체에서 생성된다. 부족하면 구루병이 걸린다.
- 공급원 : 유제품, 지방성생성, 피부햇빛 받으면 생성
- 결핍증 : 충치, 골연화증, 구루병, 노인성 골다공증
- 효능과 생리적 기능 : 칼슘의 항상성 유지, 호르몬으로서의 작용, 치아와 골격을 위한 칼슘 흡수를 향상한다. 따라서 비타민과 미네랄을 포함한 파슬리, 딸기, 시금치 등의 야채류도 많이 섭취할 필요가 있다.

③ 비타민K
- 부족하면 두피가 건조하고 모발의 손상이 쉽다.
- 공급원 : 푸른채소, 돼지의 간장, 장어, 현미, 녹황색채소 등
- 결핍증 : 코피출혈, 노화촉진, 출혈성의 궤양
- 효능과 생리적 기능 : 간기능 개선, 암예방 치료, 폐경기 후 골다공증 예방

(2) 수용성 비타민
- 수용성 : 물에 녹는 성분

① 비타민B군

: **비타민B1**(티아민)
- 결핍증 : 각기병, 뇌세포손상 및 근육위축과 근육종, 부종, 피부감, 호흡곤란, 식욕부진, 설사
- 효능과 생리적 기능 : 탄수화물의 에너지 대사를 도와 성장촉진, 정신건강증 신경계통, 근육, 심장기능을 정상적으로 유지한다.
- 두피에 열이 생겨 각질층이 두꺼워지는데 이것이 비듬으로 되며 이를 예방하기 위해서는 밀의 배아, 효모, 돼지고기, 마른새우, 콩, 샐러리, 표고버섯, 현미 등을 충분하게 섭취하여야 한다.

: **비타민B2**(리보플라빈)
- 공급원 : 달걀, 육류, 유제품, 푸른채소
- 결핍증 : 구강염, 설염, 피부염, 우울증, 현기증
- 효능과 생리적 기능 : 탄수화물, 단백질 지방의 에너지 대사에 관여 성장과 재생작용, 건강한 피부유지, 손톱모발부지, 시력을 돕고 눈의 피로를 감소시킨다.
- 부족하면 모발과 피부의 신진대사가 나빠진다.

: **비타민B3**(나이아신)
- 두피 혈액순환 기능을 향상 시킨다.
- 공급원 : 생선, 알곡류, 땅콩, 콩
- 결핍증 : 구취, 설사, 신경과민, 피부염
- 효능과 생리적 기능 : 탄수화물, 단백질, 지방의 에너지대사에 관여 고지혈증 개선한다.

: **비타민B6**(피리독신)
- 공급원 : 육류, 생선, 알곡, 바나나
- 결핍증 : 비듬, 구강염, 피부염, 근육경련, 신경과민
- 효능과 생리적 기능 : 아미노산 대사에서 보효소작용, 구토증, 입덧예방, 빈혈예방
- 피지조절 능력
- 항 피부염, 모발케라틴의 재생과 활성에 관여, 부족하면 피지분비를 촉진한다.
- DHT로의 전환 방지를 한다.

: **비타민B12**
- 공급원 : 우유, 생선, 육류, 달걀, 효모
- 결핍증 : 악성빈혈, 체취, 비듬, 월경불순, 신경과민
- 효능과 생리적 기능 : 악성빈혈예방, 철분과 엽산의 기능을 도와줌, 신경과민감소, 집중력 및 기억력 향상, 치매예방, 심혈관계 질환 예방을 한다.

: **비오틴**
- 탈모진행방지, 백모 진행 방지를 한다.

: **이노시톨**
- 모낭건강을 유지한다. 동물과 미생물의 발육에 관여한다.

: **비타민C**(아스코르빈산)
- 공기 중에 쉽게 산화파괴 된다.(미백효과)
- 비타민C가 부족하면 괴혈병을 유발하고, 모발 성자에도 영향을 주며 살균작용, 염증억제, 면역력 강화 작용을 한다.
- 정신적 쇼크와 스트레스는 모발을 희게 만드는 원인이 되므로 흰머리를 예방하기 위해서는 신선한 채소나 과일을 충분하게 섭취해야한다.
- 피부의 콜라겐 성분을 유지한다.

6) 무기질

(1) 칼슘
뼈와 치아의 구성, 혈액응고기능, 근육수축기능, 결핍 시 골다공증 유발, 급원식품은 우유, 녹색 채소 등에 많다.

(2) 인
뼈와 치아의 구성, 세포의 구성성분, 염기평형기능, 결핍 시 골격손상, 급원 대부분식품에 풍부하다.

(3) 마그네슘
뼈와 치아의 구성, 효소의 구성성분, 결핍 시 허약, 근육통 급원식품 녹황색 채소, 견과류에 많다.

(4) 철분
헤모글로빈의 주요성분, 결핍 시 빈혈, 급원식품 육류, 어류

(5) 기타무기질

① 구리
철분이 헤모글로빈을 합성 할 때 구리는 촉매작용을 하는 필수영양소이다.

② 코발트
적혈구의 생산에 필요하며 부족 시에는 악성빈혈을 유발한다.

③ 아연
효소의 구성성분, 결핍 시 성장지연 식욕부진, 급원식품 육류 우유

④ 요오드
갑상선호르몬의 성분 (모발성장에도 많이 기여)

- 급원식품 : 해조류, 해산물
- 과잉 시 : 갑상선기능항진증, 바세도우씨병(안구돌출 현상)

hair and scalp management

Chapter 4
모발의 화학적 특성

1. 화학결합의 이해

모발은 화학적으로 케라틴 단백질로 구성되고, 각각의 단백질 분자 사이에는 분자간의 힘 내지는 결합이 존재한다. 모발은 이들 결합에 의해 성상 형태를 유지하고 있다.

2. 모발의 화학결합

1) 주쇄결합(폴리펩티드; polypeptide)

케라틴은 약 18종류의 아미노산이 펩티드결합을 순차적으로 반복해서 긴 쇄상이 된 폴리펩티드에 의해 구성되어 있다. 한 아미노산의 a-아미노기와 다른 아미노기의 카르복실(carboxyl)기 사이에서 탈수·축합 반응으로 형성된 이 결합이 서서히 반복되어 쇄상으로 길어지는 것을 폴리펩티드라고 한다.

원래 아미노산이 가지고 있던 R_1, R_2, R_3 등의 원자단을 측쇄라고 부르며 케라틴의 폴리펩티드를 주쇄라고 하는데 일직선이 아닌 지그재그로 나선상(helix)으로 둘러싸인 단백질의 a-나선(a-Holix) 구조로 되어 있다.

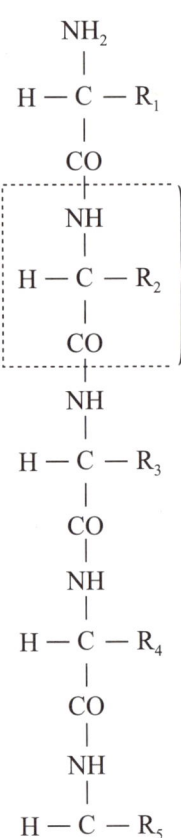

그림 4-1 폴리펩티드 구조

2) 측쇄결합(chain bond)

a형인 폴리펩티드 주쇄는 인접한 주쇄간에 가지 사슬인 측쇄결합으로 연결되어 있다. 횡으로 연결된 것이 케라틴 분자를 고정시켜 강도와 탄력 등 여러 가지 모발의 특성으로 나타난다. 측쇄결합은 주요한 시스틴(cystine)결합, 염(ion)결합, 수소(hydrogen)결합 외

에도 소수성결합, 펩티드(peptide)결합과 반데르발스 힘(van der waals force)이라고 하는 분자간의 약한 인력이 있다.

측쇄결합은 공유결합(황연결체)과 비공유결합(비황연결체)으로 나눌 수 있는데, 시스틴결합의 공유적 연결은 케라틴 구조 잔재의 10% 이상을 형성시켜 모발 섬유에 물리적·화학적으로 높은 안정성을 가져다준다.

비공유결합인 염결합·수소·소수성·반데르발스 힘의 불안정성은 대부분 젖은 모발의 스타일링에 있어서 실용적인 모발 세팅 시술에 활용된다.

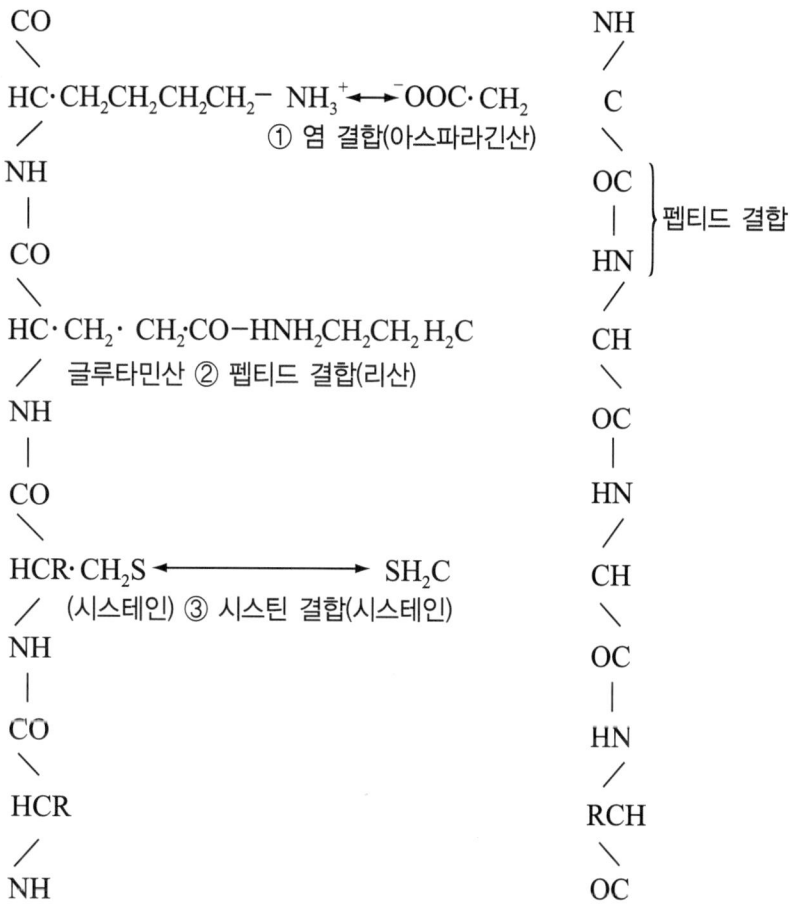

그림 4-2 여러 종류의 측쇄 결합

(1) 시스틴결합(Disulfide Bond)

시스틴결합은 유황(S)을 함유한 단백질 특유의 것으로 두 개의 황(S) 원자 사이에서 형성되는 일종의 공유결합으로, 모발의 물리적·화학적 성질에 대한 안정성을 높여주며 황을 함유한 단백질 특유의 측쇄결합을 가진다.

물리적으로는 건고하지만 화학적으로는 반응을 일으킴으로써 절단시기거나 다시 결합시킬 수 있는 특징이 있는데, 퍼머넌트 웨이브(permanent wave)는 바로 이 화학적 성질을 이용한 시술이다. 즉, 시스틴결합을 환원제로 절단하고 산화제로 본래대로 돌리는 것이다.

(2) 염결합(이온결합, Ionic Bond)

염결합은 원소들 사이에 전자를 주려고 하는 성질을 갖고 있고 있다. 원자들은 서로 화합하여 구성원자의 성질과는 다른 화합물(compound)을 만든다. 화합물을 형성할 때 원자들은 필요한 만큼의 전자를 잃거나 얻으며, 또한 다른원자와 전자를 공유하여 원자 번호가 가까운 영족기체의 전자배치를 가짐으로써 안정된 상태가 된다.

아미노산이 펩티드결합을 만들 때에는 카르복실기와 아미노기가 각각 1개씩 사용되기 때문에 염기성 아미노산은 아미노기가 1개, 산성 아미노산은 카르복실기가 1개 또는 여러 가지 잔기로서 남아 있다. 염결합은 두 개의 산성과 염기성 아미노산 측쇄를 가진 폴리펩티드 주쇄가 접근하면 상호 아미노기의 + 와 카르복실기의 - 가 이온적으로 결합한다. 염결합은 pH 4.5~5.5의 범위, 즉 등전점일 때 결합력이 최대가 되고 케라틴은 가장 안정된 상태가 되므로 pH가 등전점보다 산성 혹은 알칼리성으로 기우는 만큼 결합이 약해진다.

산성이나 알칼리성 용액에 모발을 적셔 놓은 후 당기면 팽윤 및 연화에 의해 더 작은 힘으로도 늘어난다.

(3) 수소결합(Hydrogen bond)

측쇄결합 속의 비공유결합인 수소결합은 물에 의해 절단되기 쉬운 -OH, $-NH_2$, -COOH 등의 친수성 작용기가 물분자와 흡착되어 주쇄와 주쇄 사이를 넓혀 느슨한 그물 구조를 형성하며 부풀어 있다.

두 원자 간의 전기음성도 차이가 크게 나면 양전하(+)와 음전하(-) 사이에 정전기적

인력이 크게 작용하여 분자 간에 수소결합이 형성된다. 그러나 수소결합은 화학결합보다는 분자간의 힘이 훨씬 약하다.

(4) 그 밖의 결합(Other bond)

① **소수성결합**

알코올이나 수지류 등은 시간을 주면 흡수되기 때문에 케라틴에서는 소수성기와 소수성기 사이에 움직이는 힘이 있다. 이 결합을 소수성결합이라 부른다. 모발 세트(set)의 기구 시술과 관련이 있는 것으로 알려져 있다.

② **펩티드**(peptide)**결합**

글루탐산 잔기의 -COOH와 리신 잔기의 -NH2에서 H_2O가 제거되고 -CO-NH가 연결된 결합입니다. 주쇄와 같은 결합 방식으로 그 수는 적지만 강한 결합이나 강산·강알칼리 등에 의해 절단된다.

③ **반데르발스 힘**(Van der Waals' Force; 패널 . 왁스력)

분자간의 인력으로 움직이는 응집력이 결합된 것이라고 할 수 없는 약한 힘이지만 분산력은 무극성 분자의 순간적 유발을 뜻하기도 하며, 분자간의 힘 자체를 나타내기도 한다.

결합	환원	산화	미용시술
시스틴결합	환원제 처리 (지오, 시스테인 등)	산화제 처리 (과산화수소, 브롬산나드륨 등)	퍼머넌트웨이브 스드레이트펌
염(이온)결합	pH를 등전점이상, 이하로 조정	pH를 등전점으로 조정	퍼머넌트웨이브
수소결합	수분공급 텐션	탈수(건조) 텐션제거	물이나 드라이를 이용한 셋팅

그림 4-3 화학 결합 작용

hair and scalp management

Chapter 5
모발의 물리적 특성

1. 모발의 성질

1) 모발의 인장(강도 및 신도)

　모발을 잡아 당겨 끊어질 때까지 견디는 힘을 강도라고 하며, 원래 모발의 길이와 모발이 절단될 때 까지 늘어난 길이의 비율을 신도(%)라고하며 모발에 가해진 하중을 인장강도(g)라고 한다. 모발은 굵기에 비하여 아주 긴 물질로서 '늘려 펴짐'에 의한 신장과 함께 인장력이 작용되며 모발에 대하여 축방향의 힘을 작용시켜 늘릴 때 가해지는 힘(하중)과 모발 변형(신장)과의 관계를 나타낼 수 있다.

　건강한 모발은 건조한 상태에서도 평균 150g의 강도와 40%의 신도를 가지고 있지만 젖은 상태에서는 평균 90g의 강도와 50%의 신도를 나타낸다. 그러므로 강도·신도를 측정할 때는 통상 온도 25℃에 습도 65%의 표준 상태에서 측정한다. 또한 모발 자체의 굵기, 길이, 당기는 속도 등을 일괄해서 측정해야 한다.

　폴리펩티드의 주사슬은 a-헬릭스로 구성되어 있다가 잡아당기면 지그재그의 병풍

구조인 B-케라틴이 되며, 잡아당기는 것을 멈추면 다시 원래 길이인 알파형(a)으로 돌아온다.

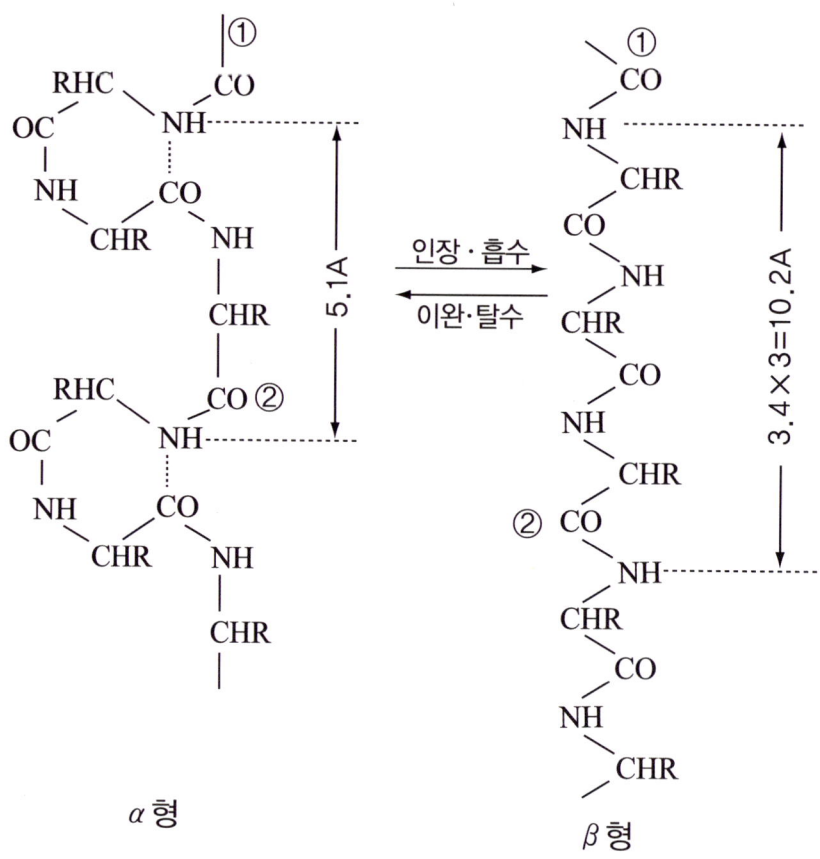

그림 5-1 모발 케라틴의 α형과 β형의 상호 전이

2) 모발의 흡습성(hygroscopicity)

모발은 모표피층이 친유성이지만 대부분을 차지하고 있는 모피질은 친수성을 가지고 있기 때문에 수분을 흡수하는 성질이 크다. 습한 공기 중에서 수분을 흡수하고 건조한 공기 중에서는 수분을 발산하는 성질인 흡습성을 가지고 있다. 이 흡습성은 모발 섬유로 고분자와 물 분자간에 물리적 결합에 의해 약한 힘으로 작용하며, 모발의 여러 가지 물리적 성질인 강도 · 신도 · 대전성 · 보온성 · 염색성 · 탄성 · 가소성 등에 큰 영향을 미칠 뿐만 아니라 헤어 디자인 결정 형성과정에 있어서도 중요한 요소로 작용하고 있다.

모발 본래의 수분 보유량은 10~15%내외이며, 세발 직후는 약 30% 정도, 드라이로 건조시켜도 약 10%의 수분을 함유하고 있다. 모발의 흡수율은 같은 습도에서는 온도가 높아지는 만큼 감소하고, 같은 온도에서 습도가 높아지는 만큼 증가한다.

3) 모발의 팽윤성(swelling)

모발은 습한 공기 중에서 수분을 흡수하고 건조한 공기 중에서는 수분을 발산하는 성질을 흡습성이라고 한다. 수분이나 용매를 흡수하여 수착하면 그 부피가 증가하여 모발의 길이 방향 또는 직경 방향으로 크기가 늘어나는데 이 성질을 팽윤이라고 한다. 모발은 거의 대부분 어느 정도까지만 팽윤이 되고 그 이상 팽윤이 되지 않는 한계 팽윤의 성질을 갖고 있다. 팽윤은 건조, 염색, 축면(creeping) 등 젖은 상태의 시술 과정에 있어서 고려해야 할 중요 요소이다.

4) 모발의 열변성

열변성은 열이 모발에 미치는 영향을 건열과 습열에 따라 차이가 있는데 건열에서 외관적으로는 120℃ 전후에서 팽화되어 130~150℃에서 변색이 시작되고 270~300℃가 되면 타서 분해하기 시작한다. 이때 물리적으로는 그 강도가 이미 80~100℃에서 약화되기 시작하고 화학적으로는 150℃ 전후에서 시스틴의 감소가 나타나며 130℃에서 10분간 케라틴으로 변화한다. 그러나 케라틴의 변성은 습도에도 영향을 받으므로 70%에서는 70℃부터 변성이 시작되지만 습도 97%에서는 60℃부터 변성되기 시작한다. 이렇듯 모발의 성분이 단백질과 기타 물질로 구성되어 있기 때문에 열기기 사용 시 열기기의 온도는 60℃ 이하로 시술하는 것이 모발의 손상을 방지하는 데 도움이 된다. 특히 퍼머넌트 등의 약제에 젖은 모발은 세발의 과정이 불충분할 경우에 열변성을 한층 강하게 받는데, 염색 시술이나 퍼머넌트 시술 중 열처리를 할 경우는 염료의 산화중합이 촉진되거나 멜라닌색소가 분해되고 화학반응이 촉진되어 모발이 손상되기 쉽다.

아이론(iron)의 온도는 200℃ 전후, 드라이어의 온도는 기기의 거리에 따라 달라지지만 90℃ 전후로 부분적으로는 고온이 되기 때문에 각별한 주의가 필요하다.

5) 모발의 광변성

태양광선 중 적외선과 자외선은 모발에 영향을 미친다. 자외선은 단파장으로 모발에 조사되면 광반응에 의해 시스틴이 감소하고 알카리 용해도를 증가시켜 모발의 손상에 치명적이다. 적외선은 열을 발생시켜 모발 케라틴의 측쇄결합에 영향을 주고 열변성을 받게 하며 건조한 상태의 모발은 젖은 모발보다 광선의 영향을 적게 받는다.

파장이 짧은 자외선은 모발 케라틴의 변성을 일으키지만 파장이 긴 가시광선이나 근적외선은 건조한 모발에 직접적인 영향은 없다. 그러나 약액에 젖은 모발에 가시광선이나 근적외선을 쬐면 약액의 화학반응을 촉진시키고 간접적으로 모발에 영향을 준다.

실제로 고온의 실외 근로자나 해안의 장기 거주자처럼 태양광선에의 노출이 심한 사람들은 퍼머넌트 웨이브가 잘 형성되지 않거나 쉽게 늘어지는데, 이는 광변성에 의한 것이며 특히 자외선에 의한 모발 케라틴의 변성이라 할 수 있다.

6) 모발의 대전성 (electrification property)

정전기는 두가지 물질이 접촉되었다가 분리되면 전하의 이동 → 전하의 분리 → 전하의 완화 과정을 거치면서 정전기가 발생했다가 소멸된다.

즉, 건조 된 모발을 빗질하면 모발은 전기를 띠면서 밀어내기도 하고 빗에 달라붙기도 한다. 모발에 각종 먼지나 종이 등 다른 이물질이 붙기도 한다.

이 현상은 마찰에 의해 모발은 + 로, 빗 등은 - 로 대전하기 때문에 + 전기를 가진 모발끼리는 반발하고 + 전기를 가진 모발과 - 의 전기를 가진 빗 등은 서로 달라붙으려고 하기 때문에 일어난다. 이것은 마찰에 의한 정전기 현상으로서 양극성을 가진 모발은 아미노산으로 이루어진 케라틴이므로 마찰 전기를 일으키기 쉽고 일단 생긴 정전기는 머물기 쉬운 성질을 갖고 있다. 그러므로 모발은 대전열을 가지며 다른 물질과 마찰되면 모발 자체는 양이온 전기를 띤다.

7) 모발의 pH (pH of hair)

용액의 수소이온지수, 즉 수소이온농도를 지수로 나타낸 것이다. 모발의 아미노산은 분자 내에 염기성의 아미노기($-NH_2$) 1개와 산성의 카르복실기($-COOH$) 1개를 가지고 있으며, 염기성기와 산성기가 균형을 이룬 것을 중성 아미노산이라고 한다. 이 아미노기와 카르복실기의 결합인 펩티드의 연속결합이 폴리펩티드 주쇄가 되어 케라틴 단백질을 구성한다.

그러나 케라틴 단백질을 만들고 있는 아미노산에는 아미노기가 1개 이상이거나 카르복실기가 1개 이상인 것이 있으며 주쇄결합의 곁가지인 잔기가 측쇄결합으로 상호결합하고 있으므로 결국 아미노기 +기와 카르복실기 -기가 이온적으로 염결합하는 것이다.

이렇게 모든 아미노산기와 카르복실기가 폴리펩티드결합 또는 염결합을 할 때의 케라틴 단백질의 pH(potential of Hydrogen)는 4.5~5.5이며, 이것은 측쇄의 염결합이 가장 안정되어 있는 수치로 '모발의 등전점'이라고 한다.

자연모는 pH 3.67 정도로 모발의 등전점보다 낮고 탈색모의 등전점도 매우 낮다. 등전점보다 높은 pH에서 모발의 표면은 음(-)의 전하를 띄기 때문에 양이온성 폴리머(polymer)가 쉽게 끌려간다.

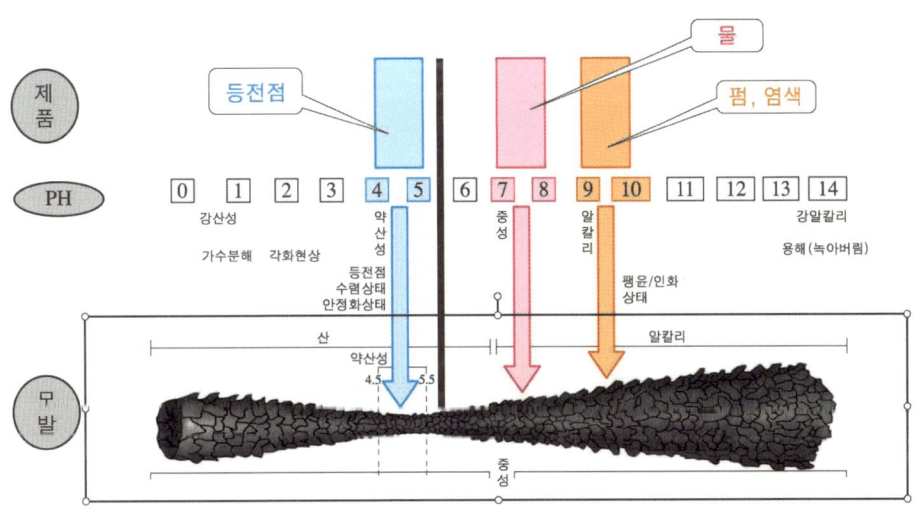

그림 5-2 모발의 pH 도표

hair and scalp management

Chapter 6
탈모

모발의 성장 주기는 성장기, 퇴화기, 휴지기를 반복적으로 이루는데 성장기에서 갑자기 휴지기로 바뀌어 여러 군데의 모공에서 머리카락이 빠지는 것이다.

정상적인 모발이 자라게 하는 것은 모유두가 건강해야 하며 건강하기 위해서는 모세혈관으로부터 충분한 영양공급을 받고, 자율신경계의 정상적인 작용으로 정상적인 모발이 성장하게 된다. 두피 및 인체의 내적·외적 이상 현상이 발생한 경우는 하루에 빠지는 모발의 수가 200개 정도로 늘어나거나 기존의 성장기 모발 기간이 짧아지고 모발의 연모화 현상도 볼 수 있다.

사람의 머리카락 중 80~90% 정도는 성장기 모발로 2~11년 정도 지속되고, 10~15% 정도는 휴지기로 3~6개월 정도 이어진다. 머리카락은 보통 한 달에 1~1.5cm 자라지만 나이가 들수록 머리카락의 성장 속도는 느려진다. 휴지기가 지나고 나면 하루에 20~50개 정도의 털이 빠지며 경우에 따라 100개까지도 빠질 수 있다.

한국 사람은 서양인에 비해 모발 밀도가 낮아서 약 7만 개 정도의 머리카락이 있으며, 하루에 보통 50~100개 정도의 정상적인 퇴행기 탈모가 일어난다. 이를 초과하여 빠질 경우에는 원인과 증상에 따른 탈모를 의심 할 필요가 있다.

1. 탈모의 원인

1) 외부적인 요인

- 지나친 압력과 당김
- 헤어커트에 의한 손상 및 상처
- 모자의 착용
- 비위생적인 모발 관리
- 자연적인 원인 : 기온이나 대기압력의 차이, X-광선
- 화학적인 원인 : 부적절한 모발 제품의 사용으로 인한 산성막의 파괴
- 세균이나 균류의 증식

2) 내부적인 원인

(1) 생리적인 원인

모발의 성장주기가 다른 여러 요인들에 의해 영향을 받아 각 단계가 늦추어지기도 하고 빨라지기도 한다.

(2) 병리학적 원인

발열, 혈액순환장애, 항응고성 질병, 감기, 매독, 장티푸스, 간염 등의 전염성 질병과 그 밖에 신경과민 등의 신경성 질병 등의 탈모현상을 수반하기도 한다.

3) 호르몬에 의한 요인

인간은 호르몬으로 인해 에너지 대사가 이루어지며 우리가 섭취한 음식을 이용해 세포 속의 미토콘드리아에서 에너지가 만들어진다. 우리 몸에서 에너지와 호르몬의 활동이 균형 있게 진행되어야만 건강한 생활을 유지할 수 있다.

(1) 뇌하수체호르몬

뇌하수체는 뇌의 아랫부분에 위치 내분비선의 기능을 조절하는 중추적 역할을 한다. 갑상선자극호르몬, 성선자극 호르몬, 부신피질자극호르몬, 성장호르몬, 멜라닌세포자극호르몬, 항이뇨호르몬 등 호르몬의 분비를 조절하는 역할을 담당한다. 뇌하수체호르몬 과잉분비 시에는 피부가 거칠어지고 모발 성장이 증가되며, 결핍 시에는 피부노화와 탈모를 유발하는 경향이 있다.

(2) 갑상선호르몬(thyroxine)

갑상선호르몬인 티록신이 분비되어 신체의 전반적인 조절 작용을 하며 과잉분비 시에는 피부에 갑작스런 열과 함께 발진이 유발되며 눈이 튀어나오고 모발의 발육은 양호해지지만 지나치게 항진되면 바세도우병을 유발하며, 탈모를 일으킨다. 결핍 시에는 피부가 건조해지고 거칠어지며 모발도 건조모가 되며, 탈모, 점액수종의 질병을 초래한다.

(3) 부갑상선호르몬

부갑상선호르몬은 혈액 내의 칼슘량을 조절하는 역할을 한다. 따라서 과잉분비 시에는 과칼슘증이나 신경쇠약 등의 증상을 초래하며 결핍 시에는 칼슘이 부족해져서 비정상적인 케라틴이 생성됨으로 인해 피부, 손톱, 모발 등에 만성질환을 초래한다.

(4) 부신피질호르몬

부신에서는 코르티코스테론(corticosterone), 성호르몬, 아드레날린(adrenline) 등의 호르몬이 분비되며 신체 영양소 사용에 직접적인 영향을 미친다. 또한 전해질과 수분의 균형 유지, 당분의 대사, 면역 등 여러 곳에 관여한다. 과잉분비 시에는 여성의 안면 털 성장을 촉진하는 등 여성의 경우에 남성호르몬과 같은 물질이 분비되어 성모나 체모에 영향을 준다.

내분비선	분비되는 호르몬	기능
뇌하수체	생장 호르몬	뼈, 근육의 발육 촉진
	갑상선 자극 호르몬	갑상선 자극 - 티록신 분비 촉진
	부신 자극 호르몬	부신 자극 - 아드레날린 분비
	생식선 자극 호르몬	생식선(난소, 정소) 자극
갑상선	티록신(요오드 함유)	세포 호흡 촉진
이 자	인슐린	혈당량 감소
	글루카곤	혈당량 증가
부 신	아드레날린(= 에피네프린)	혈당량 증가, 혈압 상승 심장 박동 촉진
생식소 (정소, 난소)	남 : 테스토스테론	2차 성징 발현, 생식세포 형성
	여 : 에스트로겐	

표 6-1 인체의 호르몬과 기능

4) 모발 화장품 및 시술에 의한 요인

두피도 피부와 마찬가지로 미용 화장품의 잘못된 사용이나 남용에 따른 부작용이 발생하여 피부염과 알레르기성 피부염 등의 두피 질환이 야기될 수 있다. 미용화장품 등의 성분 중 방부제나 향료 등이 접촉성 피부염의 주된 원인으로 문제가 된다. 일상생활에서 흔히 접하는 샴푸도 성분이나 농도에 따라 알레르기 반응을 보이는 사람이 있고, 피부과 영역에서 두피에 쓰이는 다양한 약제도 접촉성 두피염의 원인이 될 수 있다. 경우에 따라 건성 모발이나 지모를 유발하기도 하며 화학약품의 과다 노출로 인한 두피 화상 등의 상처로 탈모를 유발하기도 한다.

또한 물리적 손상에 의한 고무줄과 머리핀 등에 의한 당김, 저품질 미용기구의 사용 등으로 인한 마찰, 모발에 볼륨을 주기위해 시술되는 백코ALD(back coming) 등의 경우에도 모발에 많은 손상을 입히며, 아이론과 헤어드라이어의 온도 과열도 모발 손상의 요인이 된다.

샴푸 중 과도한 마사지를 하거나 타월 드라이를 할 때 너무 세게 모발을 비비는 경우나 나쁜 재질의 빗을 사용한 경우에는 표피가 손상되며, 브로우 드라이(blow dry)를 할 때 적은 양의 모발을 강하게 빗질하는 경우 등의 물리적인 자극에 의해 모유두와의 결속력이 약해졌을 때 모발 생장이 저해되기도 한다.

5) 자연 환경에 의한 요인

태양광선 중에서 모발에 영향을 주는 것은 자외선과 적외선으로 물체에 닿으면 열이 발생한다. 모발에 가장 영향을 미치는 자외선은 모발의 시스틴 함량을 감소시키고 멜라닌 색소를 파괴함으로써 모발의 손상과 탈색을 유발한다.

강한 자외선으로 인해 단백질을 변형되고 세포를 파괴시키는 힘이 있다. 자외선은 모발의 습기를 없애고 피질층을 거칠어지게 하며 모발 끝이 갈라지게 한다. 계절적인 온도 변화와 습도도 모발손상이나 두피 건조증을 유발하며, 건강하지 않은 상태의 모발 손상이나 탈모를 촉진하는 간접적인 요인이 될 수 있다.

6) 영양장애에 의한 요인

식생활이 서구화되면서 현대 주로 먹는 음식은 지방이 많이 함유된 기름진 음식이나 고소한 음식들을 섭취하면 두피는 지성으로 변화되면서 탈모를 유발하거나 다이어트, 불규칙한 식습관, 편식 등에 의한 영양의 불균형 등이 탈모를 유발한다. 모발의 주성분은 단백질인데 음식으로 섭취야 하며 다이어트를 하면 모발의 원료인 단백질 공급이 감소하고 결과적으로 모모세포에서 모발을 만들어 내는데 어려움이 있다.

혈액순환이 나빠지고 영양분이 모유두까지 전달되지 못하기 때문에 모발이 가늘어지며 탈모가 일어나기도 한다.

불균형한 음식 섭취로 인해 남성호르몬의 과다분비되면 인체에 유해한 성분이 체내에 흡수·축적되어 세포 변형에 악영향을 끼치며 모발에까지 영향을 미친다. 따라서 평소 인스턴트 식품을 삼가고 균형잡힌 식단으로 충분한 영양분을 섭취해야 한다.

7) 수면부족에 의한 요인

충분한 휴식을 취하지 못하면 혈액순환과 산소·영양공급이 이루어지지 않아 체온 저하가 일어나고 두피 온도가 저하되어 탈모와 빈모가 쉽게 발생한다. 특히 여성들에게 나타나는 빈모나 탈모의 원인으로 수면 부족을 들 수 있다.

8) 스트레스에 의한 요인

스트레스란 한 체계가 과부하(過負荷, overloading)된 상태로, 심한 정도에 따라서는 체계 전체가 붕괴될 수도 있는 내적·외적인 위협을 말한다. 병적 행동의 유발 요인 내지는 원인이 되는 모든 내적·외적인 요인들을 모두 포함해서 스트레스라 정의할 수 있다.

스트레스와 누적된 피로는 혈액 순환을 방해해 모발 형성에 필요한 영양이 제대로 공급되니 못하게 하고 내분비 계통의 문제를 동반하여 탈모를 유발하는 원인이 된다.

2. 탈모의 유형

1) 남성형 탈모(male patten alopecia)

유전적 소인과 남성호르몬에 의한 모근의 약화 그 외에 국소혈액 순환장애, 정신적 스트레스, 영양 불균형, 피지선의 비대화로 인한 과도한 피지 분비가 유발한 두피의 노화·지루성 염증이 증상을 더욱 악화시킨다. 탈모는 통상적으로 전두부에서 두정부로 탈모되는 M자형이나 정수리에서 시작하는 O형, 이마라인 전체로 벗어지는 U형 또는 M형화 O형이 복합적인 형태가 특징이다.

보통 20대 후반이나 30대부터 시작되며 탈모 초기는 두껍고 긴 성장기 모가 휴지기 모로 변화해 탈모되며 탈모가 진행되면서 점점 가늘고 부드러운 모가 되기 때문에 빠지는 모발이 눈에 띄지 않는데, 측두부나 후두부의 모발은 빠지지 않고 남아 있는 것이 보통이다. 머리카락은 호르몬에 의해 탈모가 일어나지만 반대로 턱수염, 팔, 다리 털 등의 체모는 오히려 두껍고 많아진다.

[해밀턴 분류법에 따른 남성형 탈모의 단계]

① 1단계 : 탈모가 미약하게 진행된 시기
② 2단계 : 탈모 초기 단계
③ 3단계 : 탈모가 외관상 확실히 자각되는 시기
④ 4단계 : 탈모가 발전한 시기
⑤ 5단계 : 탈모가 커진 시기
⑥ 6단계 : 모발을 상당량 잃은 시기
⑦ 7단계 : 거의 모든 모발이 탈락된 탈모 말기의 시기

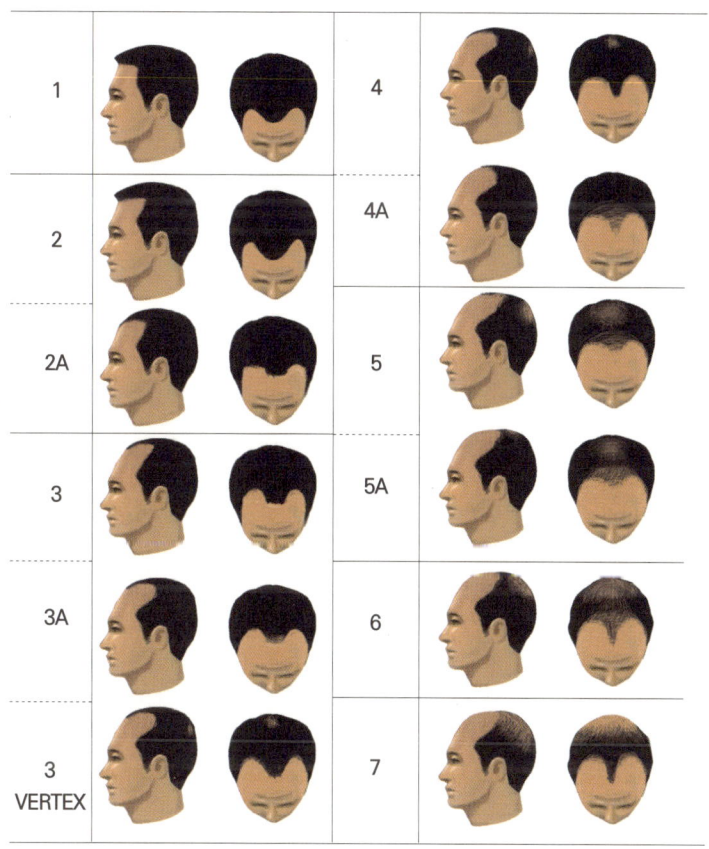

그림 6-1 해밀턴의 남성형 탈모 단계

1단계, 2단계에서는 자고 일어났을 때 베개에 머리카락이 한 움큼 빠져 있는 것을 경험한다. 외관상으로 두드러진 차이가 발견되지 않아도 심리적인 불안이 시작되는 단계이다. 이때는 무엇보다 스트레스 요인을 멀리하고 비타민과 무기질 공급을 위해 과일·야채 섭취, 숙면, 두피 청결을 실천하는 것이 중요하다. 특히 두피가 기름지거나 비듬이 생기는 경우가 많으니 두피 세징에 신경을 써야 한다. 이 시기는 적극적인 예방 프로그램으로 좋은 예후를 기대할 수 있는 단계이며 연령이 젊을수록 호전이 빠르다. 3단계, 4단계에서는 이미 탈모가 자각되는 시기로 탈모에 대한 스트레스와 고민으로 자신감이 낮아져서 대인 관계를 꺼리는 경우가 많다. 적극적인 두피·모발관리를 해야 할 시기로 전문적인 탈모치료를 받으면 예방 효과 외에도 개선 효과를 볼 수 있다.

5~7단계는 약물이나 치료 프로그램으로도 호전이 매우 더디거나 어려운 단계라 할 수 있다. 이 단계는 인내를 갖고 꾸준한 탈모 치료를 받으면 약간의 호전을 기대할 수 있으나 대부분 가발이나 모발 이식 등을 생각해야 한다.

2) 여성형 탈모(Female patten alopecia)

여성 탈모는 보통 40대 이후 여성호르몬인 에스트로겐이 활성화되어 안드로겐의 기능을 억제함이 정상이지만 체내 호르몬 균형이 깨지면서 안드로겐이 과다해져 탈모증세가 나타나는 것이 특징이다.

여성의 탈모현상은 남성과는 다르게 대부분 윗 부분의 모발이 얇아지고 모발량이 적어지는 양상을 보이고 두정부 부분의 머리카락이 다량 빠지거나 연모화 되어 모발량 자체가 줄어드는데, 이는 탈모를 유발하는 남성호르몬인 안드로겐보다 여성호르몬인 에스트로겐을 더 많이 갖고 있어 남성들처럼 완전한 대머리가 되지 않는 것으로 보인다.

여성 탈모의 경우도 나이가 들수록 점진적으로 탈모가 일어나며 일정한 패턴으로 나타나지 않고 남성에 비해 탈모가 발현되는 연령이 늦고 지속된다. 여성의 머리카락은 20대 중반 이후부터 모모세포의 노화 과정이 서서히 나타나고, 40대 이후에는 모낭 수가 점차 줄어든다.

여성 탈모의 원인은 유전적인 요인과 후전적인 요인으로 구분되지만 대부분 관리에 의해 상태가 호전될 수 있다.

Type 1　　　　Type 2　　　　Type 3

그림 6-2 루드위의 여성형 탈모 단계

3) 그 밖의 탈모

(1) 지루성 및 비강성 탈모

지루성 및 비강성 탈모의 경우 두피의 피지 과다분비로 인해 발생하는 탈모로 비듬균으로 인한 염증과 피지막의 변성이 모공을 통하여 모근에 작용한 결과, 모모세포의 변화로 성장기 모가 휴지기 모로 변한 것이다.

특히 지루성 탈모증은 피지분비 상태에 원인이 있는 것으로 남성 호르몬의 영향을 많이 받기 때문에 남성형 탈모증을 동반해 나타나는 경우가 많다.

(2) 내분비 질환에 의한 탈모

뇌하수체기능 저하로 탈모현상이 일어나거나 갑상선 기능 저하증으로 인해 모발이 거칠고 건조해지며 부수러지고 전체에 걸쳐 탈모가 일어난다. 갑상선 기능 항신증노 보발 전체에 걸쳐 탈모가 일어나고 매우 가늘어지며 주로 두부의 옆과 뒤쪽으로 탈모가 생긴다.

산후 탈모나 폐경 이후 발생하는 여성의 탈모에서 갑상선 기능에 이상이 있는 경우도 찾아볼 수 있다.

(3) 접촉성 피부염에 의한 탈모

두피의 염증과 모낭 각화증을 동반한 탈모 증상을 보이며 염모제·탈색·퍼머제를 비롯한 모발 화장품 등에 의한 두피 알레르기성 염증에 의한 피부염을 일으키는 경우가 있다. 이것에 의한 염증이 가벼울 때는 탈모를 일으키지 않지만 염증이 심해지면 탈모로 진행되는 경우가 있다.

(4) 다이어트에 의한 탈모

무월경이나 불규칙한 월경을 동반한 탈모 증상을 보이며 체내 단백질 공급 부족으로 모근에서의 세포분열이 저하되어 모발의 굵기가 가늘어지고 두피의 건조화로 탈모를 유발한다.

(5) 스트레스에 의한 탈모

모발의 성장주기에 관련된 신경계는 자율신경계로 자율신경의 부조화로 혈액순환에 영향을 주어 두부의 혈액순환 장애와 연결된다.

(6) 기계적 자극에 의한 탈모

① 견인성 탈모증

사고로 모발이 기계에 밀려들어가거나 머리카락을 잡아당기는 습관, 장기간 머리를 묶은 경우가 있는데 이러한 습관이 지속되면 특정한 부위에 탈모가 된다. 그리고 정전기에 의한 탈모나 전기적 쇼크에 의한 탈모 등도 있다.

② 압박성 탈모증

직접적으로 무거운 모자나 가발을 오래 착용하는 경우 무게의 압박에 의한 탈모가 일어날 수 있다.

(7) 병적 원인에 의한 탈모

① 산후 탈모증
출산 후 2개월부터 급격한 탈모가 발생되며 이는 산후의 영양 불균형이나 체력의 쇠약에 따라 일어나는 광범성 탈모증으로 체력의 회복과 같이 자연히 치유된다.

② 반흔성 탈모증
외상이나 화상에 의해 모근이 파괴되거나 피하조직이 손상되어 흉터가 생겨 탈모가 일어난다.

③ 두부백선에 의한 탈모증
백선균의 감염에 의해 일어나는 전염성 피부병의 일종이다. 백선균은 최초 표피의 각질층에 감염되지만 점차적으로 모간으로 들어가 위축모가 발생하며 탈모로 이어진다.

④ 매독성 탈모
증매독에 감염 후 발생하는 탈모로 측두부나 후두부에 원형의 작은 탈모가 발생하며 쥐가 갉아먹은 모양을 띤다.

(8) 내적 원인에 의한 탈모

① 원형 탈모증
원형 탈모증은 두부에 탈모부에 동그랗게 생기는 병으로 정상적인 사람도 원형 탈모가 일어날 수 있다. 탈모가 되는 형태는 처음에 지름 1cm 정도 크기의 부분에서 탈모가 일어나고 점차적으로 탈모 부위의 크기가 커져 2~3cm 까지 커지며 심하면 5cm 이상 커지게 된다.

대개는 머리카락이 탈모가 있으나, 턱수염 · 눈썹 · 속눈썹 · 음모 등이 빠지기도 하고, 드물게는 전신의 털이 모두 빠져버리는 경우도 있다. 또한 처음에는 한 부분에서만 탈모가 진행되나 나중에는 여러 부분에서 탈모가 일어나게 된다. 원형 탈모에 관해서는 그 원인이나 치료방법이 정확하게 밝혀진 것은 없으나 유전적 소인과 자가면역 질환, 과도한 스트레스에 의한 것이라는 견해가 일반적이다. 치료방법도 보통 자연치료가 되는 것으로 알려져 있으며 스트레스를 해소하고 휴식을 취하면 회복되는 경우가 많다.

② 신경성 탈모증

경계가 불완전 탈모로서 전두부에 한정되지 않은 부정형선상 또는 지도상 탈모로 신경성 쇼크나 말초 신경장애에 의한 탈모로 갑작스런 쇼크와 심한 공포를 겪거나 오랜 시간 고민이 지속되면 탈모가 일어날 수 있다. 신경정신과적 질환은 식사장애나 수면장애, 기분장애, 약물중독 등 여러 가지가 있는데 이러한 장애들은 인격적, 사회적 문제를 유발할 뿐만 아니라 개인적 건강에 치명적이며 경우에 따라 사망에 이르게 된다. 신경성 식욕부진장애의 경우 체중이 감소하면서 갑상선 기능저하, 기초 대사량 저하와 함께 탈모가 나타난다.

③ 장년성 탈모

20세 전후부터 일어나는 탈모이면서 혈액순환 장애와 남성 호르몬의 과다 분비와 유전적 소인에 의한 탈모로 흔히 남성형 탈모라고 부르는 탈모증을 말한다.

④ 노인성 탈모

50세 이상 남자에게서 많이 볼 수 있으며 노화되면서 탈모가 진행되는 증상을 말한다.

hair and scalp management

Chapter 7
두피·모발관리

1. 두피 · 모발관리의 개념

　모발을 정상적인 상태로 정돈함과 동시에 건강한 두피가 손상되지 않도록 하는 것이 두피관리이다.
　건강한 두피와 모발의 관리는 두피와 모발의 청결과 건강에 저해하는 약제 및 이물질과 피지·땀 등의 피부 분비물을 일상적인 샴푸나 두피 스케일링, 트리트먼트 및 그 밖의 기기를 활용하여 제거하고 두피 및 모발에 필요한 영양을 공급함으로써 두피 건강뿐만 아니라 모발성장을 원활히 하도록 도와주는 관리를 말하며 두피에 발생하는 다양한 문제점을 올바르게 파악하여 두피 내 노화된 각질이나 피지산화물 등을 두피 스케일링을 이용해 제거해 줌으로써, 각화 주기를 정상화하고 모공 내의 제품 침투력도 크게 하여 두피의 신진대사 기능을 높이는 효과가 있다. 또한 관리 시에 적용하는 마사지를 통해 혈액순환을 촉진하고, 결과적으로 문제성 두피와 탈모의 사전 예방 및 악화방지를 도울 수 있다.

건강한 모발을 가지려면 두피의 상태에 좌우되며 두피는 일반적으로 피지선에서 분비된 피지와 땀이 적당히 섞여 있어 약산성의 피지막을 만들고 수분의 건조를 막고 촉촉한 윤기가 있지만 연령이나 계절 혹은 환경적인 요인에 따라 피지선의 기능이 약화되기도 하고 두피가 건조해 지는 등의 현상이 일어나기도 한다. 특히, 염색제나 퍼머제는 알칼리성인 것이 대부분이이시 시술 후에 두피가 팽윤하여 일시적으로 가려움이나 비듬이 생기기도 하고 다른 부위의 피부와는 달리 모발로 덮여 있어서 습도도 높고 피지나 땀의 분비도 많으므로 불결한 상태로 그냥 두면 세균 등의 번식도 쉽고 탈모의 원인이 될 수도 있다.

건강한 모발을 유지하려면 모간부의 보습·영양 상태를 관리해 주는 트리트먼트제를 사용한다. 모간부에 작용하는 모발 트리트먼트제는 대전방지제와 모질개량제, 유지류, 습윤제 등의 성분으로 유·수분 공급을 통해 모발에 윤기를 주고 유연성을 준다.

또한 모표피에 유막을 만들어 광택을 주고 마찰을 감소시키며, 모표피의 손상을 막아주고 영양 공급·코팅 효과를 준다.

 2. 두피의 유형에 따른 관리

두피도 피부와 마찬가지로 피부의 유분량과 수분량, 즉 피지선과 한선의 기능에 따라 두피 유형이 분류된다.

1) 피지분비량에 따른 유형

피지(皮脂)는 두피 및 모발에 피지막을 형성하여 모발에 광택을 주고, 두피 표면의 수분 건조를 방지하는 역할을 하며, 외부로부터 병원 미생물의 감염을 방지하며 유화작용 및 pH 균형을 유지하여 알칼리성 물질에 의한 피부를 보호한다. 그러나 피지가 과다분비되는 경우에는 모낭을 질식시켜 두피 홍조, 가려움증, pH 불균형, 미생물 번식으로 탈모 문제를 야기하며 피지분비량에 영향을 주는 것으로 신경기관 요인, 소화기관 장애, 신진대사 요인, 내분비호르몬의 불균형 등을 들 수 있다.

보통 두정부가 후두부와 측두부에 비해 피지량이 많고 고온에 오랫동안 노출되거나 고온다습한 곳에 사는 경우, 알코올이 함유된 로션의 사용이나 알칼리가 강한 샴푸 등은 과도한 피지분비를 초래하기도 한다.

피지량이 많은 경우에는 기름기 있는 음식의 섭취를 삼가고, 모공과 모낭을 막는 먼지, 분비물, 땀, 미생물 등을 깨끗이 제거한다. 지나친 자극을 자제하고 제품 사용에 주의한다.

(1) 중성 두피(neutral scalp)

두피의 피지 분비량이 적당한 경우로 정상 두피(normal scalp)라고도 한다. 두피 전체가 각질이 없고 청백색을 띠고 있으며 두피가 적당히 탄력이 있고 항상 표면이 촉촉하며 투명하고 윤기가 있는 것이 특징이다. 1개의 모공에 서로 다른 모주기를 가진 2~3개의 모발이 자라고 있다.

모발의 굵기는 일정하고 윤기가 있으며 중성 두피의 관리 방법은 올바른 샴푸와 과도한 미용시술의 자제, 올바른 식생활 등이 있으며 건강한 두피 상태를 유지하기 위해 영양공급을 충분히 하고 각질 제거 즉 스케일링(scaling)으로 두피와 모공에 쌓인 각질과 피지를 제거해주고 모발의 건조화를 방지한다.

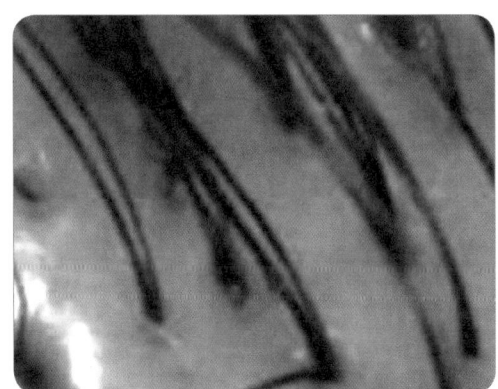 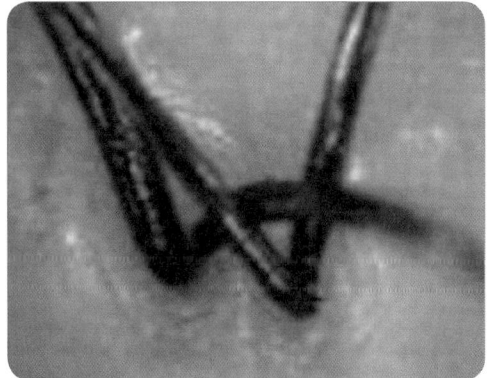

그림 7-1 중성두피

(2) 건성 두피(dry scalp)

건성두피은 피지 분비량이 적어 유·수분이 부족하고 건조하며 윤기가 없는 상태를 보이며 표면에 각질이 있고 각화된 표피가 모공을 막아 모공 부위에 노화각질이 두텁고 하얗게 쌓여 있어 두피가 탁하고 불규칙하게 갈라져 있기도 하며 모발 역시 푸석푸석한 느낌을 준다.

샴푸 후 얼마 지나지 않아 두피가 당기고 가려운 형태, 혹은 2~3일 정도 감지 않아도 두피에 기름때가 확인 되지 않을 때 보통 건성 두피라고 한다. 두피의 산성막이 전체적 혹은 부분적으로 박리되고 가벼운 염증을 일으켜서 정상적인 각화 작용이 되지 않아 발생하는 외적인 요인이 있다. 내적 요인으로는 비타민 부족, 일상적인 스트레스, 신진대사의 이상, 노화 과정, 호르몬의 이상 등을 들 수 있다.

건성 두피는 피지가 부족하면 두피의 보호기능이 떨어져 세균 등의 감염으로 두피가 손상되기 쉽다. 건성 두피관리방법은 모공을 세척하여 막힌 모공을 정상화하고, 두꺼워진 각질을 제거하여 혈행 촉진을 유도하는 것이다. 두피에 영양을 공급하여 충분한 유·수분을 공급하므로 건조화를 방지, 각질 세포들을 진정시켜 주며 유지막을 형성하여 외부 자극으로부터 방어할 수 있는 능력을 회복시킨다. 세정력이 강한 샴푸제품은 피하고 드라이는 찬바람을 이용한다.

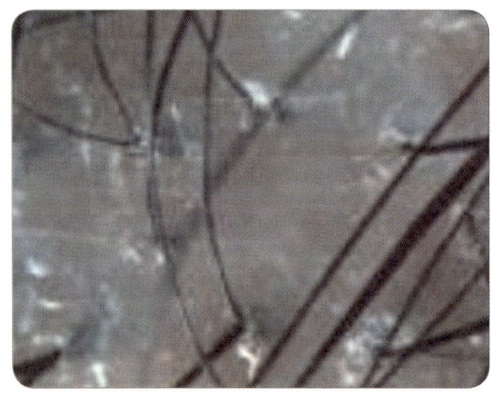 

그림 7-2 건성두피

(3) 지성 두피(oily scalp)

지성두피는 과다한 피지분비와 피지산화물의 잔류로 인한 세균의 이상증식이 문제가 되는 유형으로 중성 두피의 분비량보다 많은 것을 말한다. 피지의 과도한 분비는 모공을 크게 만드는데 커진 모공은 이물질과 산화물의 잔류로 막혀서 피부 조직이 두꺼워지고 축축하며 끈적거림과 악취가 나는 경우도 있다. 이런 상태가 만성화되면 비듬·지루성 피부염과 탈모로 이어질 수 있다.

두피에 비듬이 관찰되며 피지와 혼합되면 산화되어 악취가 나며 지성 상태의 모발이 이마 등의 피부에 닿으면 생리적인 독소 등에 의하여 뾰루지 등이 생기기도 한다. 이러한 지성 두피는 호르몬 밸런스의 이상 및 스트레스·식생활 등의 내적 요인과 강한 마사지·두피 불청결 등의 외적 요인으로 인하여 발생한다. 지성 두피관리방법은 막힌 모공의 세척과 혈액순환 촉진에 중점을 두어 관리하며 인체 내외의 원인을 해소시키려는 노력이 필요하며 두피를 충분히 세정하되 피지조절과 두피를 자극하지 않도록 한다. 뜨거운 물로 두피나 모발을 세정하는 것은 금물이며 세정 후 드라이로 가볍게 두피 및 모발을 말려준다. 두피마사지를 통해 두피 내의 신진대사(metabolism)가 원활하도록 하여 세균에 대한 지항력을 키우며, 스트레스와 인스턴트 식품, 기름진 음식을 피하고 유·수분 조절이 가능한 샴푸와 트리트먼트로 관리하여 두피 세정과 피지 조절에 초점을 맞춘다. 피지를 조절하는 두피 스케일링·피지조절 앰플·팩을 병행하여 관리하는 것이 좋으며, 지성용 샴푸를 사용하여 주 1~2회 정도 전문적인 두피관리를 하는 것이 좋다.

 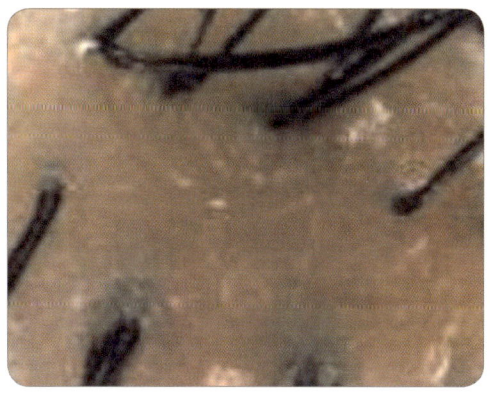

그림 7-3 지성두피

3. 증상에 따른 문제성 두피의 유형

1) 민감성 두피(sensitive scalp)

민감성 두피 또는 예민성 두피라고 하는데, 두피 표면이 예민해져서 홍반 및 가느다란 실핏줄이 보이며 정상적인 경우보다 각질 탈락이 빠르게 이루어져 각질층이 얇고 피지 분비량도 감소한다. 건성 두피를 관리하지 못한 경우 발생하기 쉬우며 선천적으로 두피가 민감한 경우 또는 장기간 스트레스, 잦은 퍼머시술이나 염색과 탈색 등과 자극적인 제품 사용도 원인이 될 수 있다. 건성 두피, 지성 두피, 비듬성 두피, 탈모성 두피 등 어느 형태의 두피에서도 복합적으로 관찰될 수 있다.

민감성 두피의 관리방법은 두피 자극을 최소화하고 두피를 민감하게 만드는 내·외적 환경요인들을 제거해 주는 것이다. 두피의 청결과 세균번식에 의한 염증 발생을 예방하고 또한 스트레스를 주는 환경을 개선하고 혈행이 원활하도록 목의 근육을 풀어주며, 특히 노폐물 및 독소가 쌓여 있으므로 림프의 독소를 빼주어야 한다. 또한 두피를 진정시킬 수 있는 식물성 저자극 제품을 사용하고 스팀 타월이나 사우나 등은 피하는 것이 좋다.

관리를 소홀히 할 경우는 염증성 두피로 전환될 수 있기 때문에 부득이하게 퍼머나 염색을 할 때에는 두피보호 제품을 도포한 후 시술하는 등 두피자극을 최소화해야 한다.

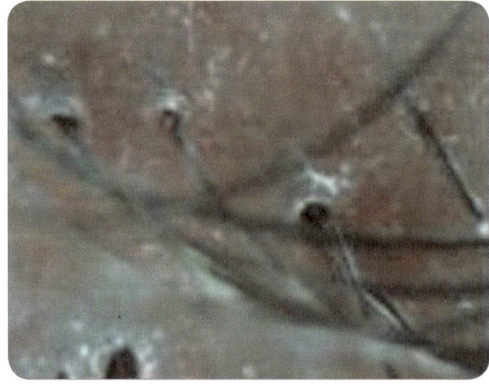

그림 7-4 민감성 두피

2) 지루성 두피(seborrheic scalp)

비듬과 과도한 피지의 분비는 지루성 피부염이라고 할 수 있는데 피지의 분비가 많아 염증과 지성 비듬이 많고 대부분 풍부한 피지층으로 인해 피부가 부드러워지고 표피세포의 변화를 막아주는 마그마층(magma)을 형성하기 때문에 비듬이 떨어지지 않는다. 과다분비로 피지가 축적되면 생리학적 균형이 깨지고 두피의 자가살균 능력이 상실되어 결국 재생 능력을 파괴하는 원인이 된다.

모낭 주위에 홍반과 염증으로 곪은 형태도 있으며 두피가 가렵다. 외관상 예민성 두피와 지성 두피의 혼합형으로 많이 발생한다. 피지선의 기능이 활발하면 피지 분비가 많아져서 염증과 지성 비듬을 유도한다.

과도한 스트레스와 잦은 화학적 시술이 주원인이며, 전형적인 지루성 피부염인 경우에는 치료를 하더라도 커져 있는 피지선이 줄어들지 않으므로 재발 가능성이 있다.

지루성 두피의 관리방법으로는 두피에 염증이 심한 경우 피부과 치료를 하고 관리하며 두피의 자극을 최소화하고 두피의 기능 정상화를 우선으로 한다. 지루성 두피는 모공이 막혀 있어 모근 세포의 호흡 작용에 이상이 생겨서 모발이 가늘어지고 탈모가 일어날 수 있으므로 피지 응고물을 제거하고 모공을 열어 청결을 유지한다. 화학적 시술이나 스타일링 제품의 사용은 자제하는 등 두피 자극을 최소화하며, 노폐물 및 독소의 배출과 피지선의 정상화에 초점을 맞춰 관리한다. 식생활에서 자극적이거나 기름진 음식을 피하며, 세정 시에 유·수분 조절이 가능한 샴푸와 트리트먼트로 관리한다.

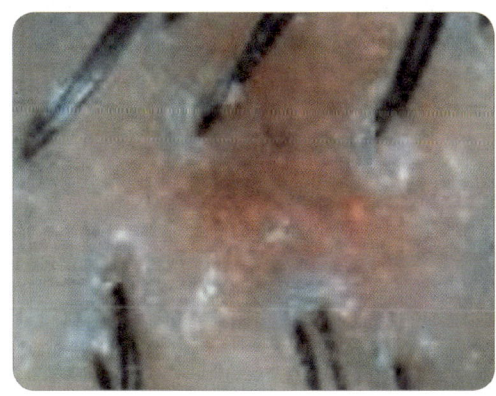 

그림 7-5 지루성 두피

(3) 비듬성 두피(dandruff scalp)

비듬은 두피의 이상을 나타내는 징후이므로 세균 등을 억제하는 특수관리 등이 필요하다.

비듬은 지성 비듬과 건성비듬 형태로 존재하는데 모든 형태의 각질이나 죽은 세포가 두피에서 제때에 떨어져 나가지 못하고 쌓여 있는 형태를 비듬이라고 한다. 이는 비듬균(말라세시아균)의 이상 증식, 호르몬의 불균형, 유전적 요인, 신경이완제 복용, 피지선의 과다분비, 각질 주기의 이상, 스트레스, 불규칙한 생활, 불충분한 수면, 잘못된 식습관, 과도한 땀 분비 등이 원인으로 작용한다.

지성 비듬은 피지의 과도한 분비로 비듬균에 의해 각질이 쌓여 발생되고, 건성 비듬은 두피에 수분이 부족하여 표피가 갈라져 발생한다. 비듬균의 이상 증식이나 피지선의 기능 과다 또는 기능 저하에 따른 두피의 불균형으로 인해 두피 각질층의 각화 현상이 비정상적으로 증가하여 나타나는데, 일반적으로 가려움증을 동반하는 것이 특징이다.

비듬은 유전적 요인 이외에도 탄수화물이나 지방의 지나친 섭취 또는 세균 등이 원인이 될 수 있다. 비듬이 생기면 비듬균을 억제하는 특수관리와 적절한 제품을 사용하며 두피의 청결함이 제일 중요하므로 올바른 샴푸를 해야 하며 영양의 균형을 주고 수분의 공급과 아연의 함유된 음식이나 생선류를 섭취하고 두피마사지를 병행한다.

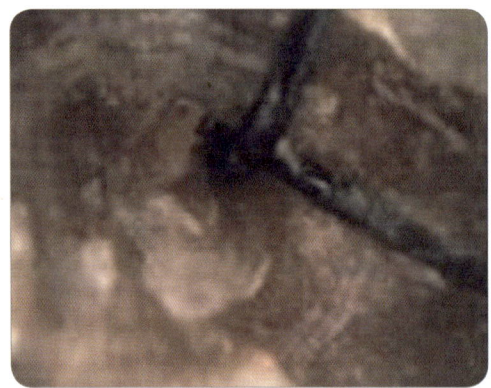 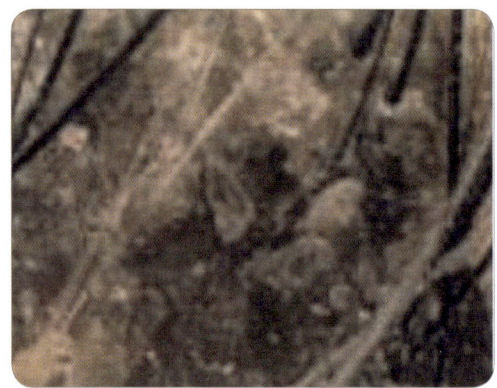

그림 7-6 비듬성 두피

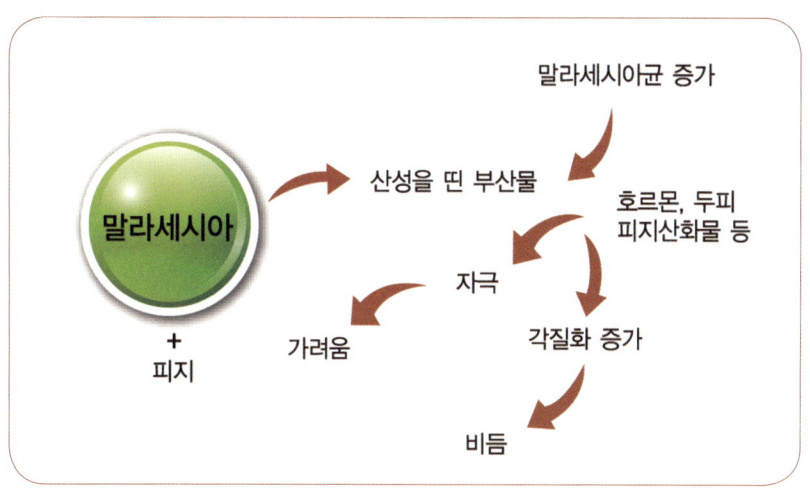

그림 7-7 비듬의 생성

유 형	판 독
중성 두피	- 두피 전체가 각질이 없고 청백색을 띠며 두피 위에 적절한 피지막이 있다. - 두피가 골고루 촉촉하며 맑고 투명감이 있다. - 모공은 불순물이 적고 윤곽선이 뚜렷하며 오목한 상태이다. - 한 개의 모공에는 2~3개의 모발이 있다. - 모발이 윤기있고 굵기의 배율이 거의 규칙적이다.
건성 두피	- 두피에 피지량이 부족하여 건조한 상태로 2~3일 정도 세정하지 않은 경우에도 기름지지 않는다. - 건조한 계절이면 당기고 가려운 현상이 있다. - 건조하게 갈라진 피지막 형상이 보인다. - 각질의 형성이 빠르고 마른 각질로 모공이 막혀 있다.
지성 두피	- 모공에 피지가 과도하게 분비되어 투명감이 없고 둔탁하며 하루만 세정을 하지 않으면 심한 기름이 진다. - 과도한 피지 분비로 모공 안과 밖으로 피지가 차 있어 번들거린다. - 모발에 끈적임이 있고 힘이 없이 가라앉는 현상이 있다. - 특유의 피지 산화 냄새를 유발한다. - 기름진 피지막에 먼지 등 이물질이 흡착되어 있다.
민감성 두피	- 두피 표면이 예민해져서 홍반 및 두피에 가느다란 실핏줄이 많고 긁으면 쉽게 빨개진다. - 따가움과 자극을 자주 동반한다. - 가늘어진 모발이 많다.
비듬성 두피	- 건성 비듬은 두비에 수분이 부족하여 표피가 갈라지며 미세하고 건조한 가벼운 하얀 가루 조각으로 나타난다. - 지성 비듬은 피지가 과도한 분비로 비듬균에 의해 각질이 쌓이고 기름기와 땀, 먼지 등이 엉켜 붙은 조각들로 나타난다. - 비듬성 두피의 모발은 푸석거리며 윤기가 없다.
탈모성 두피	- 일반적으로 두피의 경화 현상과 모발 연모가 나타난다. - 빈 모공 또는 한 개의 모공에 1개의 모발이 보인다. - 원형 탈모 : 탈모 부위가 원형이고 경계가 뚜렷하다. 한 군데 혹은 여러 군데서 발생하며 탈모 부위가 반질반질한 상태로 나타난다. - 신경성 탈모 : 경계가 불분명하고 전체적으로 듬성듬성 탈모가 된다. 모구 상태도 꼬리가 길게 늘어져 있기 때문에 볼 수 있다. - 장년성 탈모 : 빈모 부분의 두피가 매끄럽고 광택이 있으며 지루성 탈모를 일으킬 수 있다. - 비강성 탈모 : 비듬을 동반하는 탈모로 모발의 성장이 느려지며 건조하고 광택이 없다.

표 7-1 두피 유형의 진단 기준

4. 두피질환

두피에 발생하는 피부 질환으로서 대부분이 진균류의 이상 증식 및 감염, 그리고 화학약품에 의한 접촉성 피부염으로 의학적 시술을 필요로 한다.

1) 두부 백선(tinea capitis)

두부 백선이란 피부사상균에 의한 피부감염에 의해 발생하는 것으로 두부 부위에 나타나는 것을 말한다. 회백색의 인설이 보이며 각질이 두껍게 덮여 있다. 봄·여름에 주로 소아에게서 발생한다. 50원 동전 크기의 원형 형태의 버짐으로 경계가 명확하고 모발이 잘 끊어지며 윤기가 없어진다.

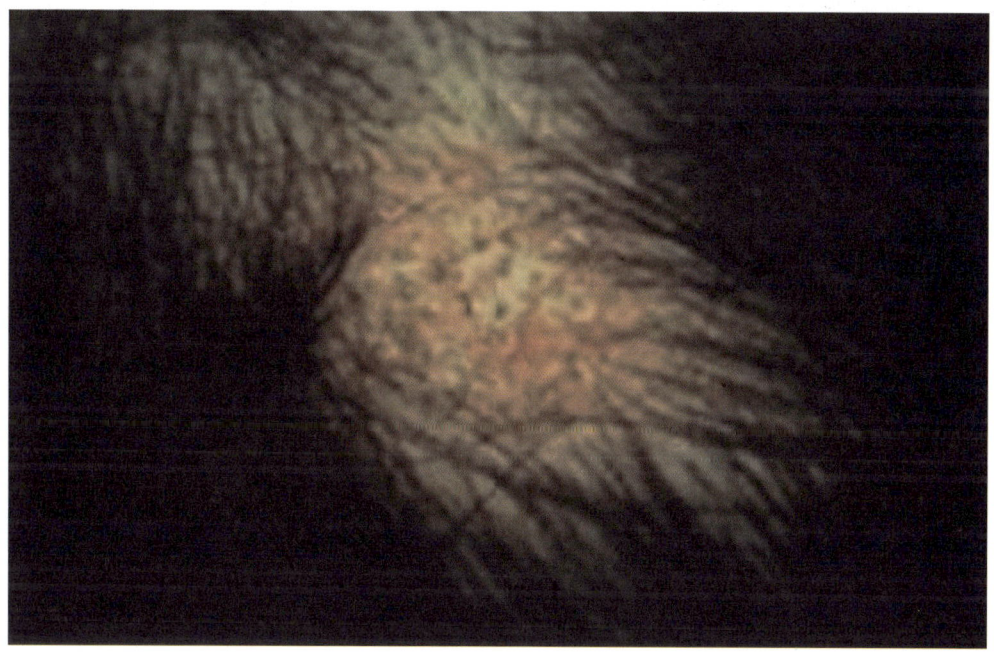

그림 7-8 두부 백선

2) 두부 건선(Psoriasis)

건선(乾癬)은 각질 탈락의 문제로 두피에 흔하지만 팔꿈치와 무릎같이 전신에 나타난다. 범위가 넓고 예민하고 염증이 함께 생길 수도 있으며 만성 피부 질환으로 감염성은 없으나 연쇄구균감염(streptococeal infection)과 스트레스에 의해 촉발되며, 피부의 유전 장애로 나타난다. 반점 또는 광범위한 은백색의 인설이 보이며 가려움은 없다.

건선과 관련하여 탈모가 일어날 수 있으며 때로는 원반형 홍반성 낭창과 관련된 탈모반과 비슷하게 보이는 탈모반이 생기기도 한다.

정확한 원인은 밝혀지지 않았으나 유전적 요인, 악화 또는 유발 요인, 각질 형성, 세포 분화의 이상과 면역학적 요인(면역체계이상), 개인 생활 및 환경적 요인 등 다양한 이유로 추측, 건선의 관리는 조절이 목적이지 이를 통해 완전히 치료할 수는 없다. 로션이나 크림을 바르거나 자외선 요법 및 전신성과 외용 요법으로 치료한다. 코르티코스테로이드, 살시실산과 타르 함유 샴푸제를 사용한다.

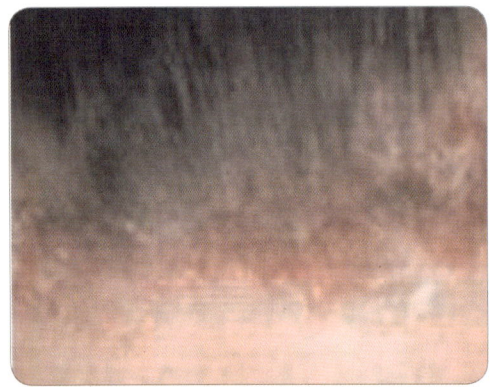 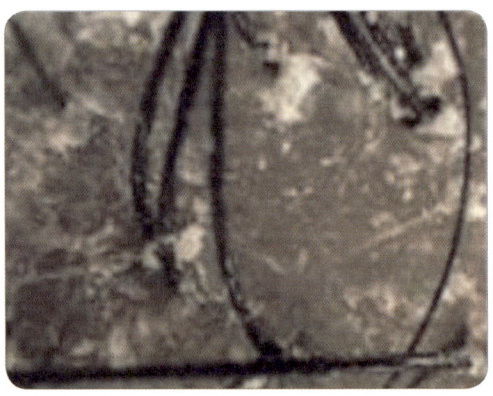

그림 7-9 두부건선

5. 지루성 피부염(seborrheic dermatitis)

지루성 피부염은 16~40세 사이의 남녀에게 발생하며 과도하게 분비된 피지가 모공을 막아버려서 생기는 질환으로 과다 피지를 유발로 인해 홍반과 각질을 동반하여 두꺼운 황색 각질과 염증이 나타난다. 주로 얼굴, 뒷부분, 목, 가슴, 등, 두피, 특히 헤어라인과 이마 부위에 발생하며 가려움을 동반한다. 외관상 예민성 두피와 지성 두피의 혼합형이며, 염증을 방치하면 모낭에도 나쁜 영향을 주어 탈모를 유발할 수 있다.

원인은 분명하지 않지만 유전적 요인과 밀접해 보이며 식생활·호르몬의 영향이 클 수 있다. 자주 샴푸하는 것이 지루성 피부염의 개선에 도움이 되며 항염증·항진균 성분의 샴푸제(징크피리티온, 케토코나졸 등)를 사용하며 연고나 항생제로 치료한다.

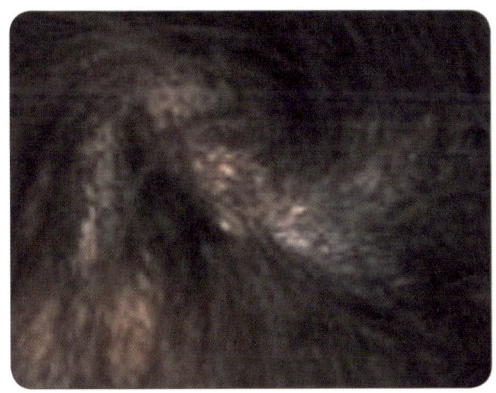 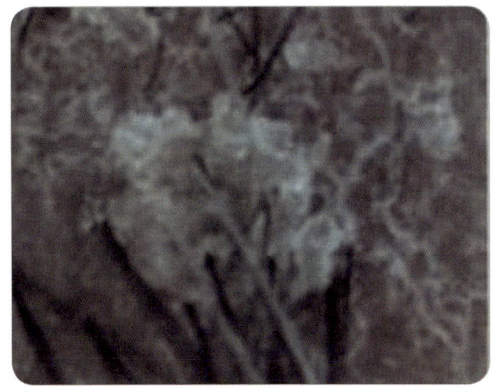

그림 7-10 지루성 피부염

6. 아토피성 피부염(atopic dermatitis)

아토피 피부염은 유아기·소아기·사춘기 및 성인기에 걸쳐서 습진성 병변이 일어나 병원균이나 바이러스 감염이 잘 되는 경향이 있다. 보통 흰색피부묘기증(white dermographism)이라 하여 피부 표면을 손톱으로 살짝 긁었을 때 긁은 자국이 창백한 흰 선으로 보일 수 있다.

찬 곳에 있을 때에는 다른 사람보다 쉽게 손끝이 차가워지고 더운 곳에 노출되면 서서히 더워지며, 감기에 잘 걸리고 물사마귀(전염성 연속종)가 잘 생기고 오래 간다.

아토피성 피부염의 치료로는 스테로이드제(부신피질호르몬제), 항히스타민제, 항생제 등을 사용한다.

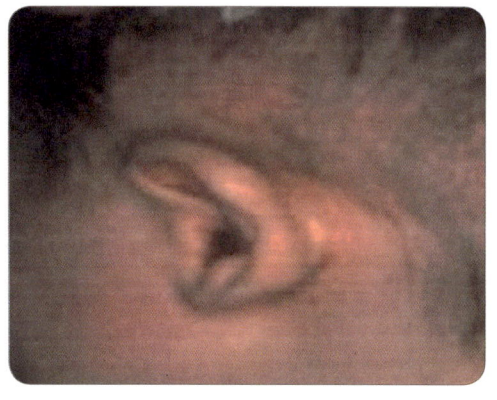 

그림 7-11 아토피성 피부염

7. 단순 태선(lichen simplex)

1차 태선화로 정상피부를 문지르거나 긁음으로써 발생하며 남성보다 여성에게 더 많이 나타난다. 정확한 원인은 밝혀지지 않았으나 사춘기 이후 30~50세에 가장 빈번하게 발생하며 보통 헤어라인과 경계를 이루는 목덜미 부위에 생긴다.

붉은 파편 같은 반점을 형성하는 특징이 있으며 종종 주변의 목과 두피로 번지기도 한다. 처음에는 건선과 비슷해 보이나 극심한 가려움 때문에 반복적으로 긁게 되면 가죽 같은 피부의 태선화(苔癬化, lichenification)를 유발한다. 긁고 난 후 탈모 또는 모발의 끊어짐이 나타날 수 있고 2차 감염이 발생할 수 있다.

치료는 심리적 치료와 함께 내재된 스트레스 또는 긁는 습관을 해소해야 한다. 외용제, 국소 스테로이드 용액 또는 크림, 병변 내 주사, 이차 감염 시에 항생제 등을 사용한다.

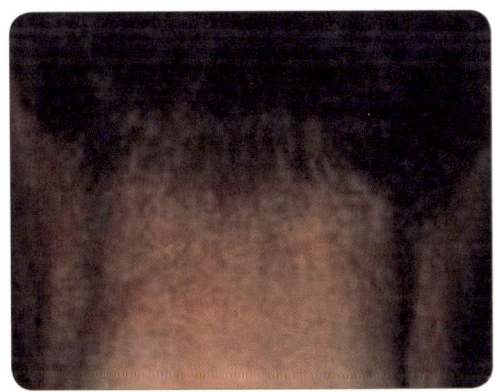 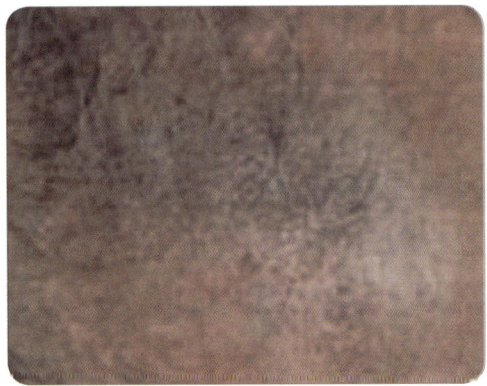

그림 7-12 단순 태선

hair and scalp management

Chapter 8
두피관리법

1. 두피관리의 정의

　모발은 외부의 자극에 보호해주는 역할과 물리적 충격으로부터 두개골을 보호하는 역할을 한다. 자외선으로부터 두피를 보호하며 또한 미적인 이미지를 연출하는 수단이 되기도 하는데 건강한 모발이 자라나기 위해서는 두피의 건강이 바탕이 되어야만 가능한 것이다.

　두피의 청결하고 건강한 상태를 유지하기 위해 다양한 미용적 시술을 통한 관리 즉, 일상적인 샴푸와 두피 스케일링 및 트리트먼트를 시술하고 두피 관련 기기를 이용한 두피 문제를 개선·관리하여 모발의 생성 및 두피 건강을 저해하는 이물질과 기타의 오래된 피부분비물 등을 제거하여 두피와 모발에 영양공급을 통해 모발의 성장과 건강한 두피를 유지할 수 있도록 하는 것이다.

2. 두피 · 모발관리 과정

1. 상담 : 고객 상담 카드 작성을 통한 기본 생활패턴 파악
2. 두피진단 : 진단기를 활용하여 사진, 문진, 촉진으로 두피·모발상태의 분석 및 두피측성
3. 처방
4. 브러싱, 두피 연화 및 스케일링 : 각질 제거
5. 마사지 : 신체 및 두피 이완 작용
6. 샴푸 : 타입별 세정제품 선택
7. 건조 및 진정 : 찬바람 드라이 및 두피 진정 단계
8. 영양공급 : 두피 및 모발 앰플 공급
9. 마무리 : 헤어스타일링, 홈케어 및 사후관리 설명

1) 상담(counseling)

고객과의 첫 대면 단계로 두피 · 모발과 관련된 생활 패턴이나 건강 상태 등의 정보를 상담한다. 상담은 두피·모발를 지속적으로 관리함으로 문제를 해결하기 위한 과정이며 고객 두피·모발의 가장 큰 문제점을 알아내기 위해 내적·외적인 요망사항을 상담으로 표면화하여 분석하고, 과학적인 근거를 바탕으로 진단하여 고객에게 납득시키는 중요한 과정이다.

두피의 문제점이 있거나 혹은 예방을 하기 위한 목적으로 방문했을 때 사람에 따라 원인과 결과 혹은 예방법도 다르므로 고객 개인의 정확한 원인을 알기 위해 두피·모발 전문가와 1:1 상담을 한다. 지속적인 상담을 통해 고객 스스로 문제의 행동을 조절하여 개선하고 예방하는 것을 목표로 하기 때문에 상담이 필요하다. 상담방법은 먼저 문답 기입식으로 고객카드에 고객 스스로 기입하게 한 후, 부족한 부분은 상담자인 트리콜로지스트(Trichologist)가 보충해 기입하는 것이 좋다. 고객카드 작성은 추후 고객을 관리하는 중요한 데이터베이스가 되므로 정확하고 세밀하게 기입하도록 한다.고객의 식생활이나 생활에서의 행동반경 등을 알고 있도록 전반적인 라이프사이클은 물론이고 개인정보 및 행사, 생활수준, 문제성 두피·모발을 개선하려는 의지 등을 파악할 수 있도록 기록하여야 한다. 고객카드는 관리할 때마다 피드백을 기록하고, 고객과 공유할 오픈된 내용과 직원들끼리 공유할 내용 등이 구분되도록 한다.

(1) 고객 상담순서

① 견진법(시진법)

두피의 색상 두피의 각질상태 두피의 피지 분비량의 여부, 비듬, 홍반 발진유무 등 모발에 묻어있는 피지 상태, 모발의 손상 여부를 육안으로 통해 확인한다.

② 문진법

고객 상담을 통해 상담 카드 및 진단카드를 작성하기 여러 가지 질문을 통해 고객의 현재 상태와 생활 패턴을 파악하고 과거 병력과 받아왔던 치료법 등을 파악한다.

③ 촉진법

손에 만져지는 피지 상태, 땀의 분비량, 각질 여부와 두피의 탄력도, 두피의 경직 상태를 촉각으로 파악한다.

④ 진단기 판독

진단기를 이용 고객의 현대 두피와 모발상태를 관찰하는 방법으로 모니터를 통해 측정·분석·파악이 가능하며 탈모의 원인 및 두피 문제점을 체크할 수 있어 진단 결과를 분석할 수 있다. 또한, 컴퓨터에 저장 고객의 상태변화를 관리하는데 활용 할 수 있다.

(2) 고객 상담 시 체크 사항

① 개인 프로필 양식

고객 카드에 기입한다.

이름, 나이, 성별, 직업, 출산유무, 키, 체중변화 등

직업의 경우는 고객의 식생활, 수면 시간, 노출되는 환경 조건과 같은 라이프스타일을 짐작 할 수 있는 항목이므로 세밀히 기록한다.

② **직업**

고객의 직업이 스트레스를 많이 받는 직업인지를 알아본다. 또한 밤샘을 많이 하는 직업인지도 알아본다. 아직까지 모자의 착용이 탈모의 원인 중 하나로 보고되지는 않았지만 직업적으로 무거운 모자를 오래 착용하면 압박에 의한 탈모도 예상할 수 있다.

③ **문제의 과거상태 병력, 음주와 흡연, 최근 1~2년 내의 식단 다이어트 경험을 확인한다.**

고객이 문제점이라고 느낀 부분을 함께 검사하고 이 문제가 얼마나 오랫동안 지속되었고, 어떻게 시작되었으며, 시작되었을 때, 특별한 변화가 없었는지 확인, 문제 부분을 해결하기 위해 어떤 시도나 노력을 해 왔는지 확인한다.

④ **건강체크**

현 건강상태를 확인한다.

질병, 감연, 외상, 수술, 입원, 위장장애, 경구용피임약 복용 여부, 의약품 사용 여부, 에너지 수치 변동을 확인한다.

감정적인 인자, 스트레스, 역약물반응, 혈액검사, 알러지, 두통, 빈혈, 생리, 얼굴의 털, 피부의 피지량, 식탐, 갈증, 기분변동, 온도변화의 민감성을 확인한다.

⑤ **식이정보**

식생활을 확인한다.

탄수화물, 단백질, 지방, 시리얼, 유제품, 과일, 야채, 음료, 당분, 단 음식 더부룩함, 가스 등, 먹지 않을 때의 문제점, 다이어트제 복용여부, 음주 흡연 등 영양학적 질문으로 영양 결핍을 확인한다.

영양과 관계된 신체 징후와 근육경련, 두근거림, 기억력, 집중력 감퇴, 약한 자극 반응도, 수면장애 감연 빈도, 체액정체, 월경통 확인한다.

- 다이어트 : 인스턴트식품이나 가공육을 많이 먹는지와 식사를 거르지 않고 하는지를 알아보고 최근 다이어트를 한 사실이 있는지 확인한다.
- 흡연 습관 : 흡연은 혈액순환의 커다란 적이므로 흡연 습관을 알아본다.

- 음주 습관 : 폭음을 하거나 음주가 잦은지 알아본다.
- 운동 습관 : 정기적으로 운동을 하고 있는지를 알아본다.

⑥ **가족력**

유전적 소인은 매우 중요한 사항이므로 가족력도 부계와 모계 모두 확인한다.
부계, 모계 탈목가족이 있는지, 유전적으로 두피에 이상이 있는지 확인한다.

비슷한 문제, 기타/모발피부 문제, 유전성 전신성 장애 등 상당수의 모발 문제들이 유전적으로 판단되므로 가족 중 다른 구성원이 비슷한 문제를 갖고 있는 것은 고객의 문제가 유전일 수 있다는 단서를 제공한다. 갑상선 당뇨, 악성 빈혈과 같은 전신성 문제들은 유전일 수 있으며, 진균 감염이나 머릿니는 다른 가족으로부터 옮길 수 있다.

⑦ **모발 및 두피관리**

손질/스타일링 제품, 샴푸 횟수, 화학적 시술(살롱, 홈케어), 모발의 드라이, 수영 햇빛 등 모발에 손상을 주는 요인이 무엇인지 확인한다.
- 샴푸의 종류 : 샴푸의 종류와 비누로 머리를 감는지 여부를 확인한다.
- 샴푸의 횟수 : 샴푸의 횟수를 알아보고 알맞게 샴푸하는지를 알아본다.

⑧ **탈모증**

- 증상 : 탈모와 관련하여 아래와 같은 증상들이 있는지 알아본다.
- 비듬 : 비듬이 있는지 확인하고 지루성 피부염에 의한 탈모를 확인한다.
- 가려움 : 두피가 가려우면 긁게 되는데 심하게 긁으면 탈모가 일어날 수 있다.
- 각질 : 각질이 정상적으로 탈락되는지 비정상적으로 많은지를 알아본다. 정상적인 각질 탈락은 보통 28일의 주기로 나타나는데 비듬이 심할 경우 10~15일의 주기로 각질이 탈락된다.
- 염증 : 두피에 염증이 있는지 확인한다.
- 홍반 : 두피에 홍반이 있는지 확인한다.

⑨ 두피의 상태
  - 두피의 색 : 두피의 색이 붉거나 노란지 정상인지를 확인한다.
  - 민감성 여부 : 두피가 예민한지를 확인한다.
  - 모공의 상태 : 모공이 각질과 피지 덩어리로 막혀 있는지를 확인한다.
  - 탈모 여부 : 탈모가 진행되고 있는지 또는 상태가 어떤지 확인한다.

⑩ 관리할 제품의 특징과 관리법, 관리 후 나타날 수 있는 일시적 반응 및 부작용 등을 설명한다.

⑪ 관리 후 전화, 이메일, 문자 등을 통해 고객의 상태를 확인하고 사후 서비스를 기록한다.
 고객에 따라 차이는 있지만 상담 횟수는 많고 기간이 길수록 좋다. 하지만 그렇지 못한 경우라면 적어도 월 3회 이상, 6개월 정도는 실시해야 한다. 정확한 원인을 파악하기 위해서 충분히 상담하여 고객 스스로 인지하지 못하는 증상이나 관리 태도를 파악하는 것이 중요하다.

(3) 상담 시 주의사항

① 고객이 말하기 전에 고객의 문제를 다 안다고 추정하지 말자.
② 고객들은 자신의 문제가 무엇인지 말하는 것을 부끄러워 할 수 있기 때문에 편안한 분위기와 공감대 형성이 중요하다.
③ 상담자에게는 사소하게 보이는 문제가 고객에게는 심각한 문제 일 수 있으므로 절대 문제에 대해 무시하지 않는다.
④ 두피 모발의 문제는 1가지 이상의 원인을 갖는다는 것을 상기시켜 준다.
⑤ 두피관리는 단기간에 되는 것이 아니라는 것을 알려주는 게 중요하다.
⑥ 두피의 다양한 증세를 자연스럽게 언급해 주고 고객이 어떤 타입에 속하는지 함께 진단한다.
⑦ 고객의 좋지 않은 생활 습관을 변화시키기 위해 상담 시 주기적으로 주지해 준다.
⑧ 두피관리의 전 과정은 고객의 신뢰와 의지가 필요하기 때문에 과장된 표현은 자제한다.
⑨ 고객에게 조언하는 것은 고객의 기분과 복지 모두를 위해 정직하고, 진실해야 한다.
⑩ 문제의 원인에 대한 분명한 설명과 정확한 대처방안의 제시는 고객의 믿음을 강화시킨다.

⑪ 겁을 주는 용어는 피한다.

⑫ 고객의 식단, 건강 유지, 모발 관리, 또는 재발 방지를 위해 고객이 따라야 할 사항 등에 관해 조언한다.

⑬ 상담의 목적은 진단을 내림으로써 치료가 필요할 때는 적절한 요법을 적용할 수 있도록 하는 것이다.

⑭ 사람들은 모두 다르고 갖고 있는 문제 또한 다르기 때문에 통일된 상담 패턴이란 없으며 상담은 모든 다양성에 맞춰 가야 한다.

고객상담카드

				방문일자 :	년	월	일(요일)
고객관리번호		고객성명			상담자		
성 별	남 · 녀	생년월일	년 월 일(음/양)		결 혼		유 · 무
주 소							
핸드폰 번호		전화번호			직 업		

생활 패턴 진단

샴푸 횟수	(사용제품)	가려움증/염증/비듬	
탈모 시작 시기		생활습관	술 / 흡연 / 다이어트
탈모 치료 경력	약물치료	식생활	
	비약물치료	운동	
	두피관리 기타	임신/출산	
탈모의 유형		혈압	
피임약복용여부		기타	
알러지			

질문사항

현재상태

▶ 언제까지 풍성한 모발을 가지고 있었습니까?	□ 1년 이하(년)	□ 1년 이하(년)
▶ 탈모는 갑자기인지 아니면 절차적으로 일어났습니까?	□ 갑자기	□ 절차적으로

1년 이하(갑자기 일어난 탈모의 경우)/ 1년 이상(절차적으로 일어난 탈모의 경우)

▶ 최근 몸무게가 갑자기 늘거나 줄었습니까?	□ 예 : kg	□ 아니오
▶ 최근 출산한 경력이 있습니까?	□ 예 : kg	□ 아니오
▶ 지난 6개월간 약물을 복용한 적이 있습니까?	복용사항 :	
▶ 지난 1년간 심한 스트레스를 받은 적이 있습니까?	□ 예 :	□ 아니오
▶ 지난 6개월간 수술 또는 전신마취투여 경력이 있습니까?	□ 예 :	□ 아니오
▶ 지난 6개월간 다이어트를 하신 적이 있습니까?	□ 예 :	□ 아니오
▶ 두피에 질환이 있습니까?(홍반, 비듬, 가려움증 등)	□ 예 :	□ 아니오

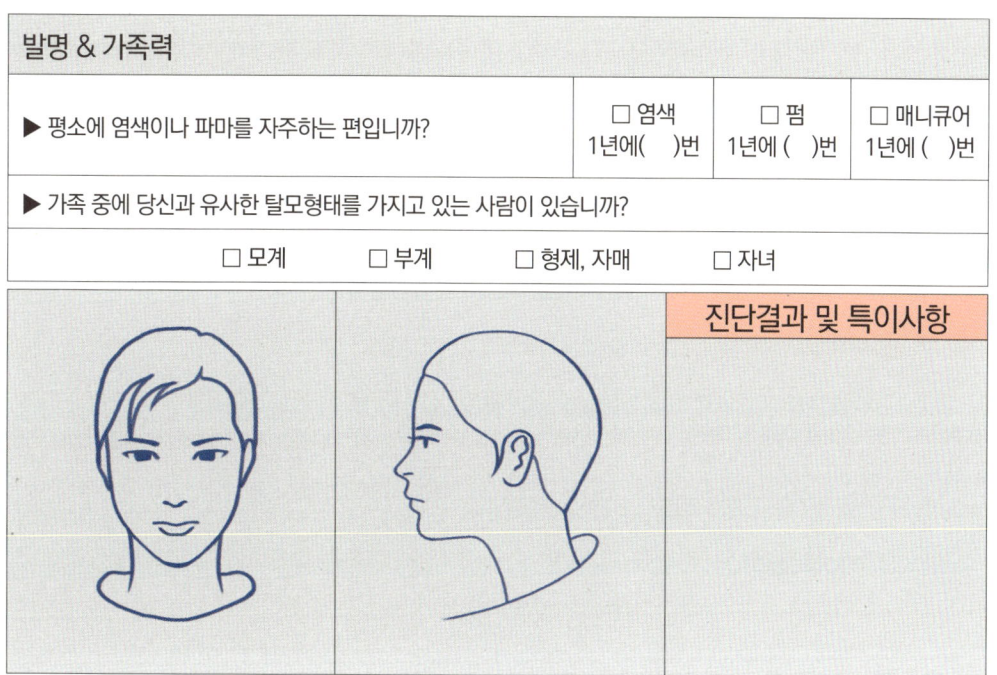

그림 8-1 고객상담 카드

2) 진단(diagnosis)

두피 모발진단기를 이용하여 좀 더 정확한 진단으로 2차 진단이라고 한다.

사전 진단을 통해 마지막으로 세정한 시간은 꼭 체크한다. 일반적으로 세정하고 피지 분비가 정상화되어 분비량 정도를 참고할 수 있는 3~4시간 후가 좋다. 1차 진단은 건진·문진·촉진 등을 활용하여 2치 진단으로 진단기 및 현미경을 활용할 수 있다.

진단이 끝나면 그 결과를 바탕으로 고객카드를 작성하여 원인을 설명하고 관리법과 추후 결과를 예상할 수 있도록 고객에게 단계별로 세밀히 설명해 준다.

(1) 진단기 렌즈

① 1:1배율렌즈 : 고객의 얼굴촬영, 탈모반 촬영, 앞이마 부위 등을 촬영한다.(스타일링 촬영기로도 사용)
② 50배율렌즈 : 모발의 밀도 및 굵기 촬영한다.
③ 200~300배율렌즈 : 두피색, 피지량, 모공의 상태, 노폐물 정도, 염증여부 촬영, 각질 정도, 모발의 굵기, 홍반을 확인한다.
④ 600~800배율렌즈 : 모발의 손상정도를 확인한다.
⑤ 1,000배 : 모발손상, 손상정도, 모근상태를 측정

3) 진단기 사용 시 주의사항

일정한 패턴를 정해놓고 촬영한다.

남성 : 전두부, 두정부, 양측 측두부, 후두부, M자 형성 부분 촬영하고 탈모반 전체도 촬영 하고 진단결과를 고객카드나 진단카드에 기입한다.

여성 : 전두부, 두정부, 양측 측두부, 후두부 촬영하고 진단결과를 고객카드나 진단카드에 기입한다.

▶ 두피타입 별 모공상태 검사

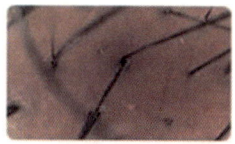

비듬두피   염증·홍반두피   지루성두피   탈모두피

▶ 두피상태 및 모발 밀집도와 굵기 측정

- **두피상태**
  60배와 200배 렌즈로 촬영한 사진을 분석하고 샘플과 비교하여 두피의 상태를 판단

- **모발 밀집도**
  60배 렌즈로 촬영한 면적에 모발의 수를 측정하여 탈모의 진행 정도를 측정

- **모발 굵기**
  200배 렌즈로 촬영한 모발의 굵기를 측정하여 모발의 굵기 변화 분석

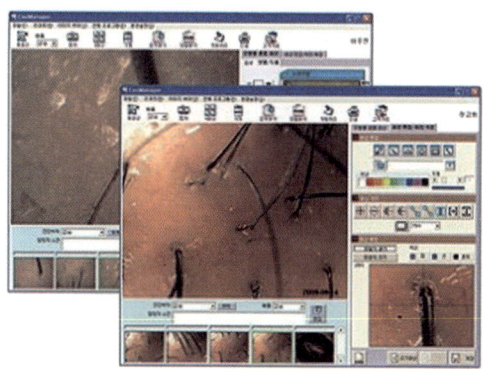

그림 8-2 진단기 분석

(1) 혈액, 미네랄 테스트 검사

혈액, 미네랄 테스트를 하여 좀더 확실한 원인을 찾기 위한 검사이며, 이를 3차 테스트라고 한다.

4) 처방

1차, 2차, 3차 진단을 통해서 고객별 두피타입과 그에 관한 발생원인 등을 알고 그에 대한 처방을 내리는 단계이다.

처방을 내릴 때에는 관리시술을 어떻게 할 것인지 또 홈케어까지 미리 처방을 한다.

5) 관리

(1) 브러싱(brushing)

브러싱은 모든 두피관리의 가장 기본적인 단계로 샴푸 전 모발과 두피에 부착된 먼지나 비듬 등을 제거하면 샴푸를 용이하게 하고, 두피를 자극하여 피지 분비를 촉진해 모발 끝까지 고르게 피지가 분포되어 건조함을 막고 윤기를 주는 역할을 한다. 가급적 빗살이 굵고 끝이 둥근 브러시가 적합하며, 두피에서 시작하여 모발 끝으로 빗어야 모발 손상을 예방할 수 있다. 일반적으로 머리를 빗을 때 정수리를 중심으로 위에서 아래 방향으로만 빗게 되는데, 머리를 숙이고 목 부분에서 정수리 방향으로 거꾸로 해서 골고루 빗질하면 경혈을 자극하여 탈모나 노화를 유발하는 활성효소의 작용을 억제하면서 탈모를 예방하는 효과를 동시에 볼 수 있다.

브러싱도 그 자체만으로 두피에 쌓인 먼지와 노폐물 및 비듬을 제거해 주고 적절한 두피 자극을 통해 혈액의 흐름을 촉진시켜 피지 분지를 원활하게 함으로써 윤기 있는 머릿결을 가꿔주는 효과가 있다. 이때 빗살이 두피를 너무 자극하지 않도록 주의하면서 두피 마사지 효과를 낼 수 있도록 한다. 정전기를 유발하지 않는 나무 등의 천연재료로 만든 것이 좋다.

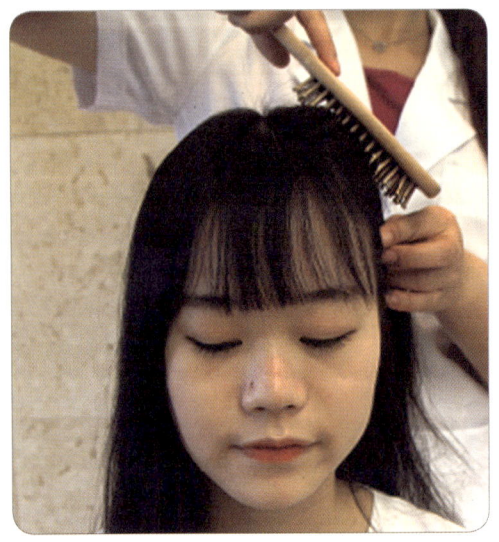

좌측 3등분(사선) – 중앙 3등분(정중선, 좌, 우) – 우측 3등분(사선)

그림 8-3 브러싱

(2) 스케일링(scaling) 및 두피 연화

스케일링은 묵은 각질 및 그 밖의 노폐물 등을 제거하는 과정으로 제품에 따라 딥 클렌징의 역할, 두피 각질 제거, 굳어진 피지 제거, 두피·근육 이완, 충혈 제거 등을 하며 두피관리의 첫 단계로 다음 단계의 관리효과를 높이고 모발의 영양 및 성장, 두피의 호흡과 체액 순환을 원활하게 하여 모발이 건강하게 자랄 수 있는 환경을 조성해 준다.

스케일링 시술 전후에 수분 공급과 두피 연화를 위해 헤어 스티머(hair steamer)를 사용할 수 있다. 스케일링 단계에서는 누피 상태에 따른 스케일링 제품의 유형을 선택한 후 사용 주기와 사용량을 결정해 세심하게 시행한다.

① 두피 중앙 안쪽에서 헤어라인 방향으로 한다.
② 섹션은 1cm정도 간격으로 스케일링한다.
③ 순서는 좌측측두부 – 후두부 – 우측 측두부 – 헤어라인 순으로 진행한다.

그림 8-4 스케일링 순서

6) 마사지(scalp massage)

피부의 지각신경을 자극하여 혈액순환의 촉진과 물리대사를 촉진하며 피부노화를 예방하는 것으로 두피에 마사지를 활용하여 두피로 가는 혈행을 원활히 해주는 것이다.

부드러운 마사지로 심신을 이완시키고 림프액의 순환을 촉진시켜 두피의 각종 나쁜 독소의 배출을 유도하며 두피의 혈액순환을 원활하게 해준다. 관리를 시작하기 전 원활한 인체의 순환을 위해 벨트, 신발, 액세서리 등 조이는 부분을 풀어 편안하게 해준다.

직접 손으로 하는 경우와 여러 기기를 이용하는 방법이 있으며 둘의 장단점을 보완하기 위한 방법으로 여러 기기를 함께 시행하면 더욱 효과적이다. 탈모가 있는 사람들은 어깨근육이나 목의 근육 등이 더 뻣뻣하고 결리는 증상을 자주 겪으며 안면 근육이나 턱 관절을 무겁게 느끼는 경우가 있는데 단순히 증상에서만 끝나는 것이 아니라 어떤 이유에 의해 혈액순환이 저해 받고 있다는 것을 뜻하며, 이는 탈모의 간접적 요인이 될 수 있으며 또한 스트레스를 받는 경우에도 혈액순환에 영향을 미치기 때문에 탈모의 원인이 될 수 있다.

(1) 헤드(head) 마사지의 효과

- 근육을 이완시키고 기분을 전환시킨다.
- 근육의 뭉침이 해소된다.
- 근육의 독소를 제거한다.
- 목과 어깨의 만성적인 뻣뻣함을 해소한다.
- 두피를 이완시킨다.
- 세포로 들어가는 산소의 양을 증가시킨다.
- 근육의 응혈된 혈액의 순환을 개선시킨다.
- 뇌의 산소공급을 돕는다.
- 림프액의 순환을 개선시키고 자극시킨다.
- 관절의 작용과 움직임을 원활히 한다.
- 모발의 성장을 촉진시킨다.
- 긴장을 이완시킨다.
- 눈의 긴장과 통증을 완화시킨다.

- 귀가 울리는 것을 개선시킨다.
- 턱의 통증을 완화시킨다.
- 불면증 해소에 도움을 준다.

(2) 기본동작

① 경찰법(effeurage)

마사지의 첫 동작으로 손바닥 전체를 이용 가볍게 문지르는 방법 지각신경을 자극하여 피부의 휴식, 진정작용과 혈액순환을 촉진시켜준다.

② 강찰법(friction)

피부를 강하게 누르면서 문지르는 방법으로 강한 접촉에 의해 피부의 물질 대사를 촉진하고 피하노폐물을 제거한다.

③ 유연법(kneading)

다섯 손가락을 이용하여 근육을 주무르는 방법

④ 진동법(vibration)

손바닥 전체를 이용해서 근육을 흔들리게 하는 방법으로 지각신경에 쾌감을 주는 동시에 혈액순환을 촉진 시킨다.

⑤ 고타법(percussion)

손바닥을 이용하여 두드리는 방법으로 피부의 신경기능을 조절하며 근육의 수축력을 증가시킨다.

⑥ 압박법(emopression)

피부를 누르거나 밀어내는 동작으로 신경의 기능을 조절하는 역할을 한다.

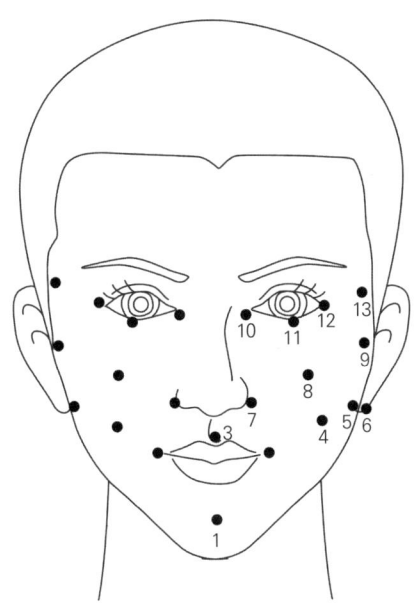
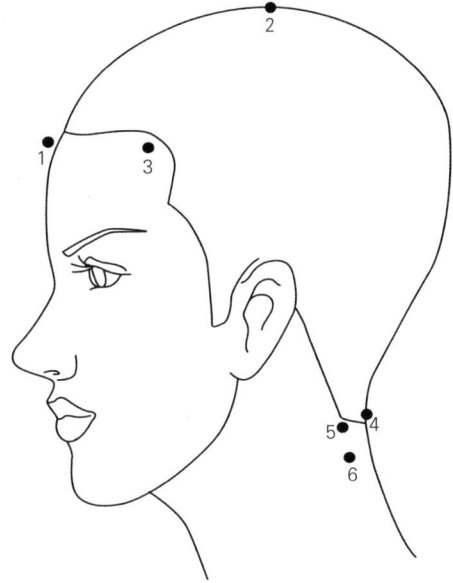

마사지의 경혈점(Face)	마사지의 경혈점(Scalp)
① 승장 : 아랫입술 가운데 들어간 곳 ② 지창 : 입술 바로 옆 ③ 수구(인중) : 윗입술 가운데 들어간 곳 ④ 권료 : 입술과 눈동자가 만나는 곳 ⑤ 청회 : 귀와 턱이 만나는 점 ⑥ 예풍 : 귀의 아래쪽 부분 ⑦ 영향 : 콧 방울 바로 옆 ⑧ 거료 : 코와 눈동자 만나는 곳 ⑨ 청궁 : 귀 옆 이 ⑩ 정명 : 눈앞머리 ⑪ 사백 : 눈 아래 가운데 ⑫ 동자료 : 눈꼬리 부분 ⑬ 관자놀이 : 눈썹과 눈 사이에서 2cm 정도 나간 지점	① 신정 : 이마의 중앙 머리가 나기 시작한 정 중앙점 ② 백회 : 머리의 정수리 ③ 두유 : 머리 양가 모서리 각진 부위에서 1.5cm 올라간 곳 ④ 아문 : 뒷머리 중앙의 머리가 나기 시작하는 부위의 오목한 곳 ⑤ 풍지 : 목뼈의 좌우 양쪽 근육의 바깥 움푹 패인 곳 ⑥ 천주 : 뒷머리 아문과 풍지 중간에 위치

그림 8-5 마사지 경혈점

7) 두피마사지 순서

(1) 스트레칭 : 앞, 뒤, 좌, 우 목풀기(흉쇄유돌근)

(2) 상체 마사지

등 마사지 : 승모근·주무르기, 누르기- 견갑골 누르기- 두손 모아 때리기- 등 전체적으로 쓰다듬기

상박 마사지 : 두 손으로 잡고 비틀며 주무르기 (삼각근)- 양손 때리기(삼각근)- 주먹 쥐고 앞으로 쓸어내리기 (림프관 청소)

(3) 두피 마사지 : 혈점 누르기- 비비기- 압주기

(1) 상체 이완 마사지

① **좌·우 스트레칭**

고객의 두상을 잡고 얼굴을 45° 방향을 틀어 좌측으로 지그시 누른 후 스트레칭 한다. 같은 방법으로 우측으로 누른 후 스트레칭 한다.

 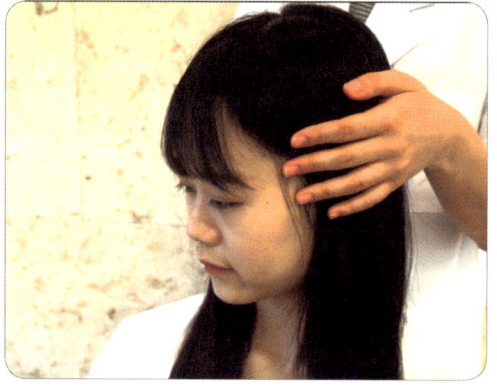

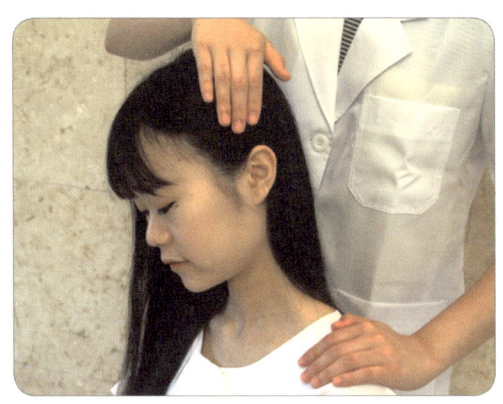 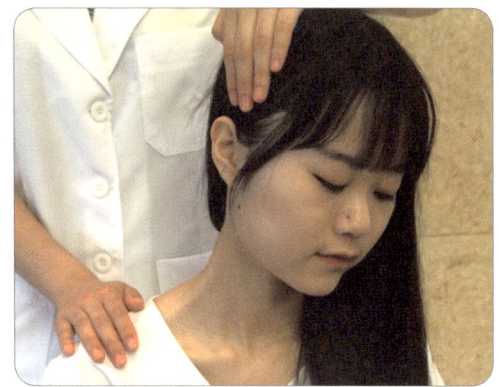

② 앞·뒤 스트레칭

고객의 두상을 받쳐 앞쪽 방향으로 두상을 한손은 받친 후 한손으로는 밀어주며 스트레칭 한다. 동일한 방법으로 뒤쪽 방향으로 천천히 젖히며 뒷목을 받치는 손가락을 이용하여 자연스럽게 아문 혈점에 자극을 준다.

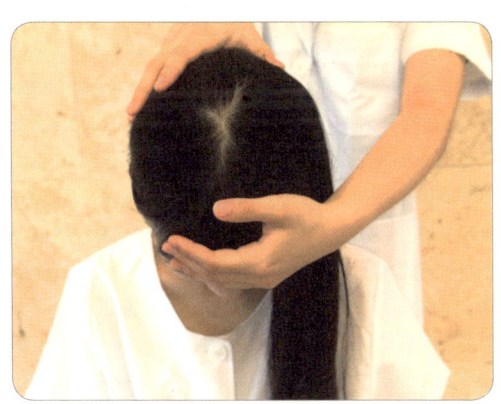 

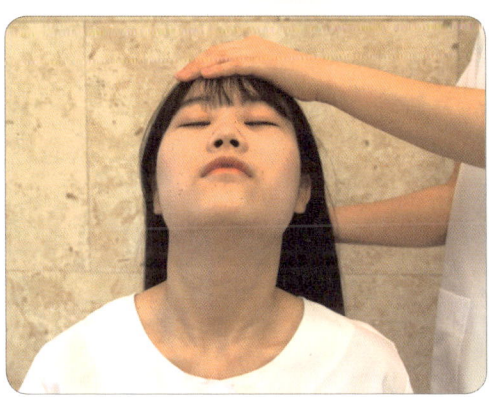 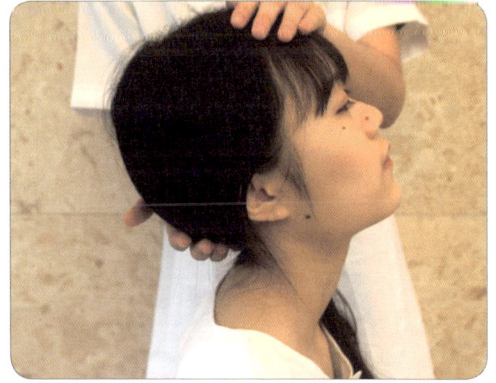

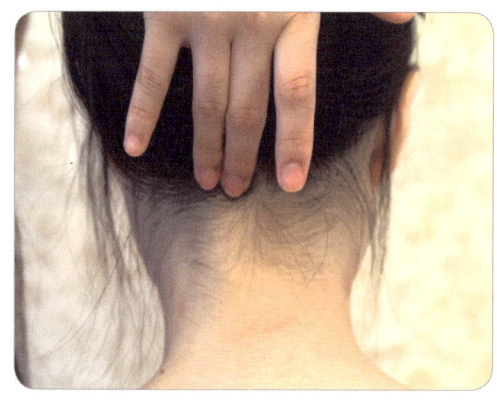

① **주무르기**

　승모근을 가볍게 주무른 후 중심에서부터 좌·우측으로 이동하며 누른다.

 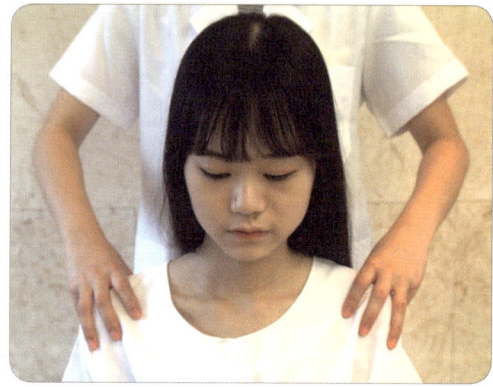

② **당기기**

　어깨를 잡고 엄지손가락으로 승모근을 고정한 후 승모근을 중심으로 좌·우측으로 이동하며 끌어올리듯 잡아 당긴다.

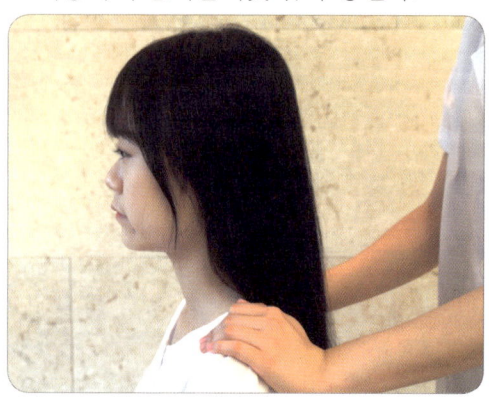 

③ 혈점누르기
견중유, 견정, 견료를 누른다.

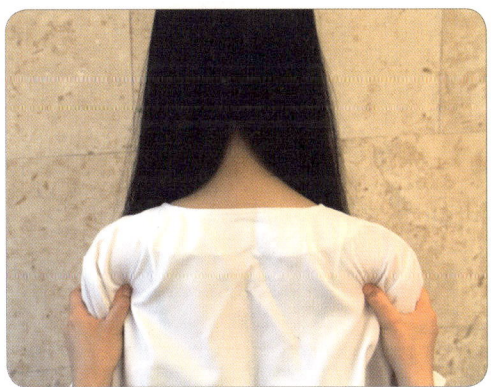

① **기립근 따라 눌러주기**

기립근을 따라가며 엄지손가락으로 누른다.

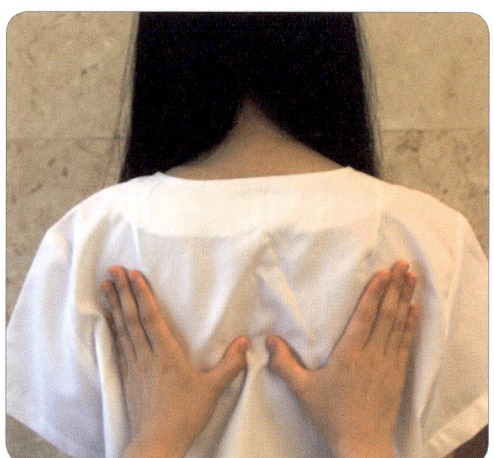
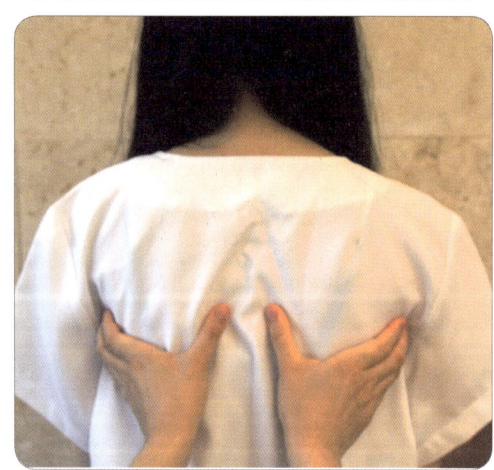

② **견갑골 주변 눌러주기**

견갑골 주변을 연결하며 누른다.

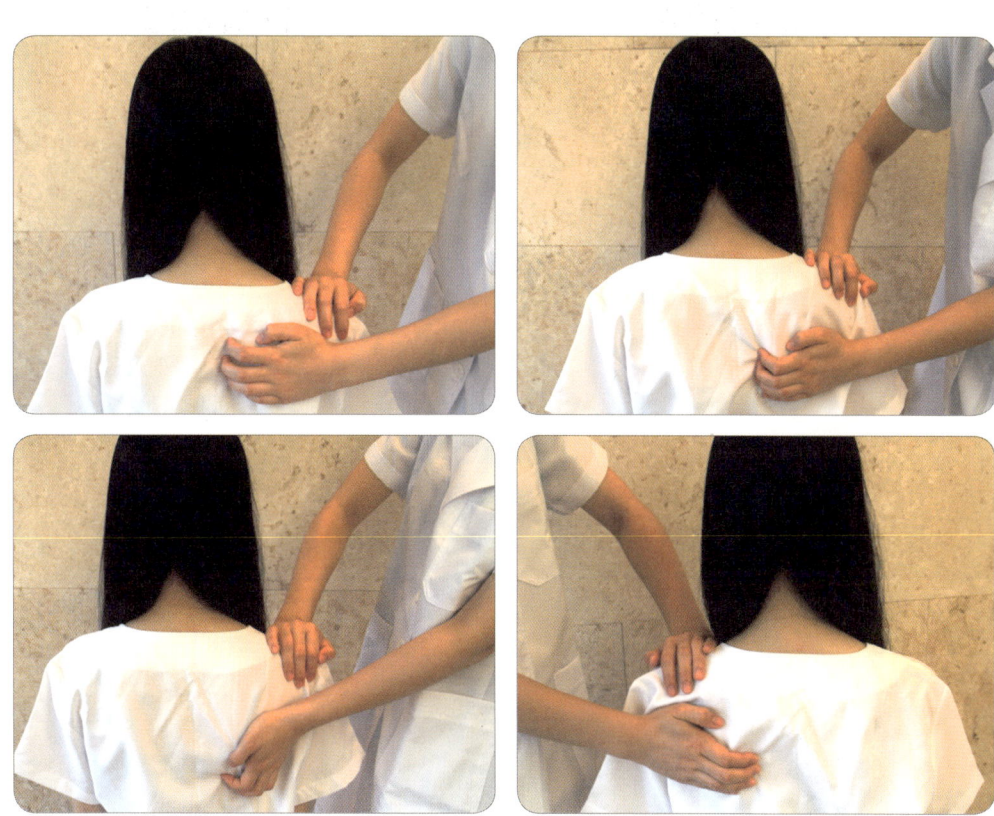

③ **두드리기**

두손을 모아 손의 스냅을 이용하고 골고루 두들겨 준다.

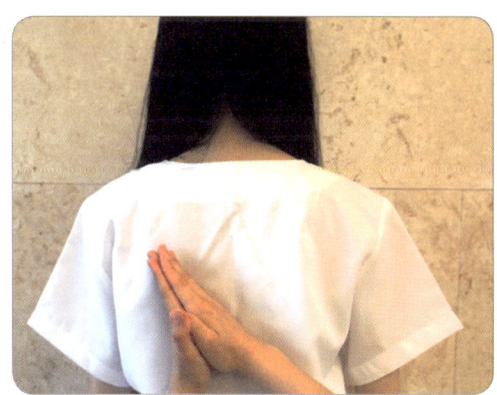 

④ 쓰다듬기

등 전체를 쓸어내리듯 쓰다듬어 준다.

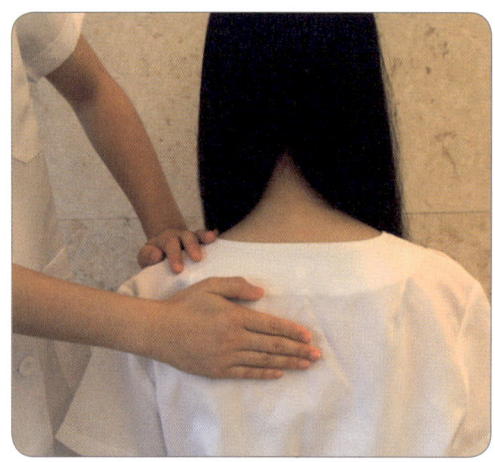 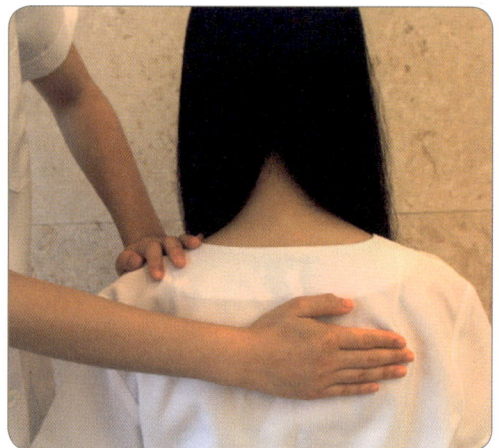

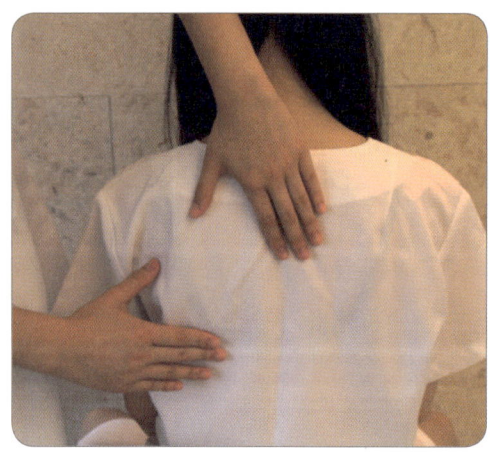

① **고객 앞으로 밀기**

한손으로 각각 좌·우측 삼각근을 잡고 천천히 고객 앞으로 밀어준다.

② **비틀기**

양손으로 각각 좌·우측 삼각근을 잡고 천천히 비틀어준다.

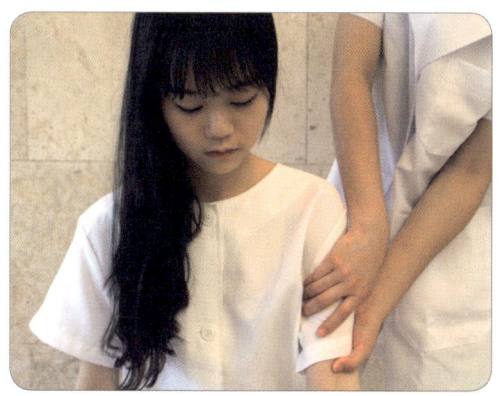

③ **두드리기**

양손으로 각각 좌·우측 삼각근 손측면을 이용 두드려준다.

④ 가볍게 쓸어내리기

좌·우측 삼각근을 골고루 쓸어내린다.

(2) 두피 마사지

① 혈점누르기

아문 → 각손, 신정 → 백회, 곡차 → 백회, 두유 → 백회, 아문 → 백회를 반복하며 누른다.

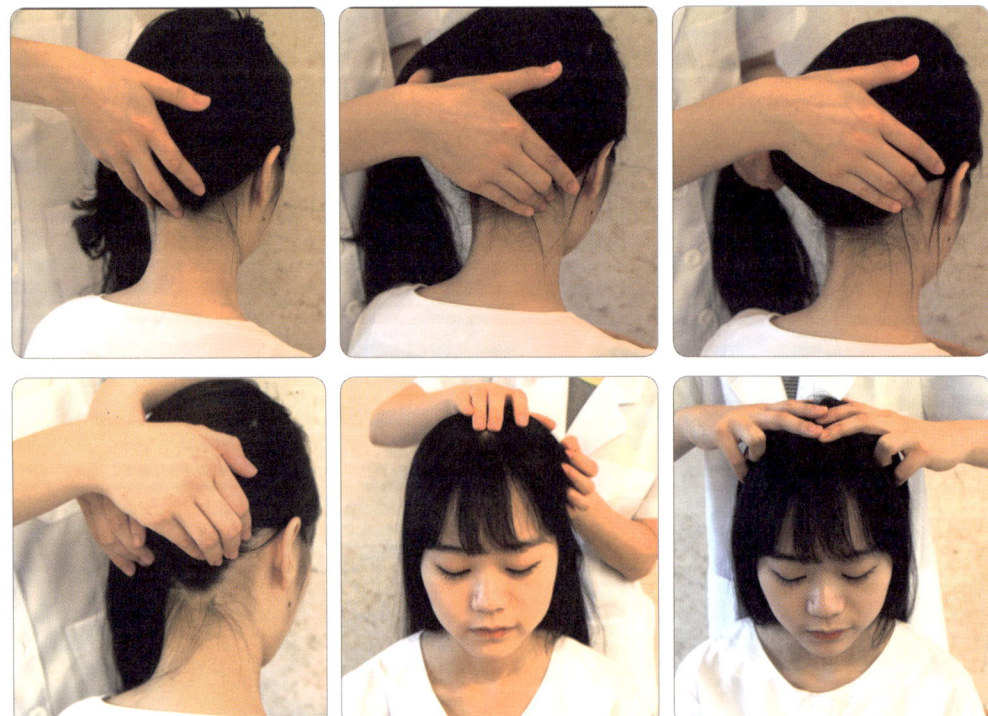

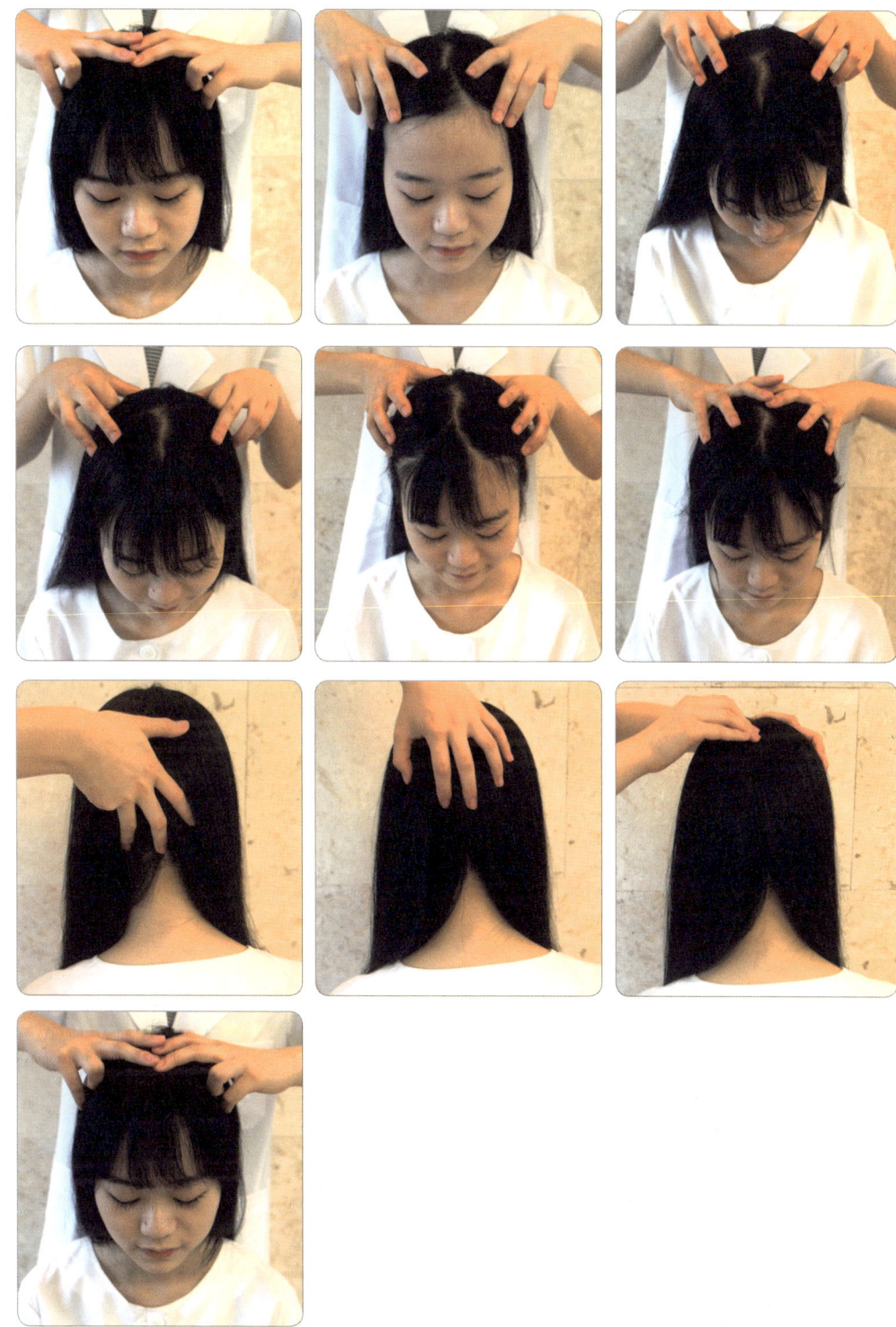

② 전체 감싸며 압주기

양손으로 감싸듯 천천히 압을 주고 풀면서 모발을 빼내며 엉키지 않도록 주의한다.

③ 지그재그 마사지

압을 주며 위아래로 들어올린다.

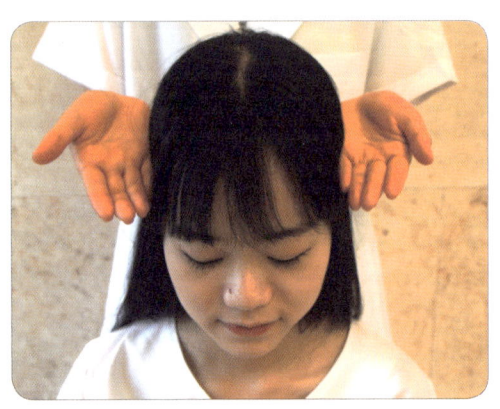

④ **모발 당기기**

모발을 두피가까이로 주먹 쥐듯 움켜잡고 90° 각도로 당기고 놓아주기를 반복한다.

⑤ **핀칭**

손끝으로 두피 전체를 지그시 잡고 골고루 양손으로 집었다가 놓으면 튕겨준다. 핀칭이 끝난 후에 모발을 정리해준다.

(3) 귀 마사지

① 혈점누르기
이문에서 청궁, 청회, 예풍까지 혈점을 골고루 누른다.

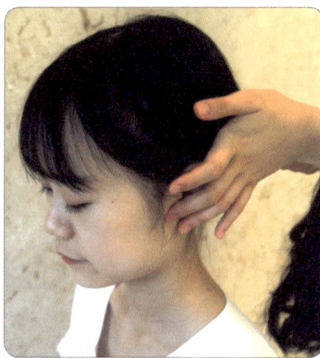

② 펼치기
귀 전체를 안쪽으로 바깥쪽으로 펴듯이 주무른다.

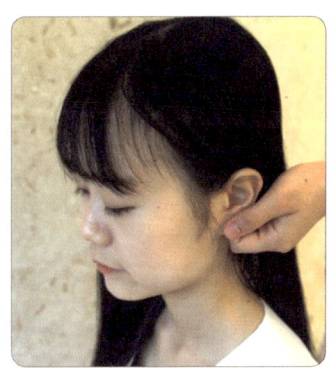
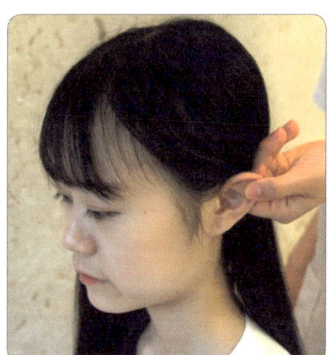
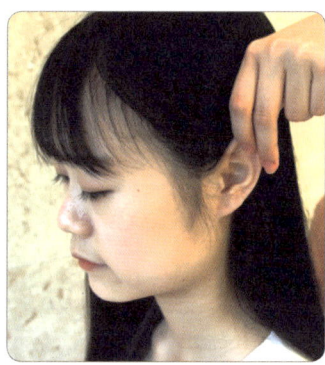

③ 접어 두드리기

귀를 안쪽으로 천천히 접어 손등으로 지그시 누른 상태에서 다른 손으로 두드려 준다.

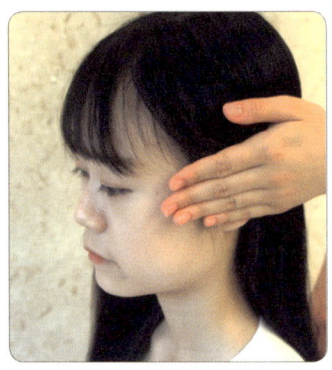

(4) 마무리

① 눈 감싸기

손바닥을 비벼서 온기를 만들고 고객의 눈앞에 양손 끝을 평행한 자세로 3초 정도 머무른다.

② **백회 감싸기**

눈 감싸기와 같은 방법으로 손바닥을 펼쳐 백회 위에서 3초 정도 머무른다.

③ **어깨 쓸어내리기**

양쪽 어깨를 가볍게 쓸어내리며 마무리한다.

3. 샴푸와 린스

1) 샴푸(Shampoo)

샴푸의 어원은 힌두어인 'shampoo'에서 어원 되었으면 사전적 의미로는 '비누나 샴푸를 이용하여 머리를 감다, 씻다, 마사지하다'라는 뜻으로 미용실에서 고객에서 행하는 최초의 서비스이고, 헤어스타일을 만들기 위한 가장 기본적인 행위로 모발과 두피의 세정을 뜻한다. 모발은 먼지, 때, 두발화장품, 땀 피지 등으로 인해 불결해진 모발과 두피를 깨끗이 세정하는 샴푸제로 모발화장품이라고 한다. 샴푸제는 사용목적에 따라 크게 4가지로 분류할 수 있다. 첫째 두피나 모발의 때를 가볍게 제거하는 플레인 샴푸, 둘째, 모발이나 두피의 건강을 유지하기 위한 트리트먼트 샴푸, 셋째 모발의 특수관리를 목적으로 실시하는 스페셜 샴푸, 넷째 드라이 샴푸 등으로 분류된다.

모발화장품의 주성분은 계면활성제로 종류는 양이온성, 음이온성, 양쪽성, 비이온성 화합물로 분류할 수 있다.

2) 컨디셔너(Conditioner)

컨디셔너는 과도한 빗질, 헤어드라이어의 뜨거운 바람과 잦은 퍼머 및 염색 등에 의해 손상된 모발을 회복시킨다. 컨디셔너는 세정력을 약화시키고 글리세린이나 여러 가지 오일을 포함하여 모발보호 성분을 강화시킨 것으로 세정 후에도 부드러운 느낌이 들게 된다. 알칼리성이 강한 헤어샴푸제는 모발을 건조하게 하여 정전기 발생이 쉽게 되는 단점이 있는데 이 현상을 컨디셔너가 보완해준다. 연새 모발을 유연하게 해주는 제품으로 린스(rinse)와 트리트먼트(treatment)가 있는데 린스의 경우는 모발 표면에 코팅을 통해 보호해주는 역할을 하면 트리트먼트의 경우는 모발 내부로 들어가 모발을 보호해 줌과 동시에 영양공급을 하여 탄력있는 모발로 유지시켜주고 만들어준다.

린스의 경우 두피에 닿지 않도록 하는 것이 좋으며 트리트먼트의 경우 헹궈내는 타입과 헹궈내지 않는 타입 두 가지로 나뉜다.

4. 두발 세정

주의사항

- 샴푸시 어깨 힘을 빼고 손목을 가볍게 움직인다.
- 머리를 감싸 듯 힘을 넣는다.
- 좌, 우 같은 힘으로 동시에 움직인다.
- 될 수 있으면 손가락을 모두 이용해서 동작한다.
- 스피드를 조절하며 샴푸한다.

1) 샴푸 준비하기

(1) 위치 고정하기

고객이 장시간 누워 있어야 하는 것을 고려하여 목 부분의 편안한 자세가 되도록 고객의 느낌을 물어 위치를 고정한다.

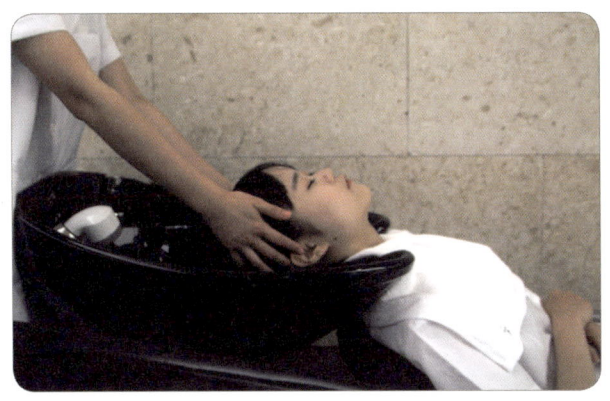

(2) 얼굴 가리기

샴푸 시 고객의 얼굴에 물이 튀거나 조명에 불편함을 느낄 수 있으므로 수건이나 가리개를 활용하여 코를 뺀 나머지를 가려 준다.

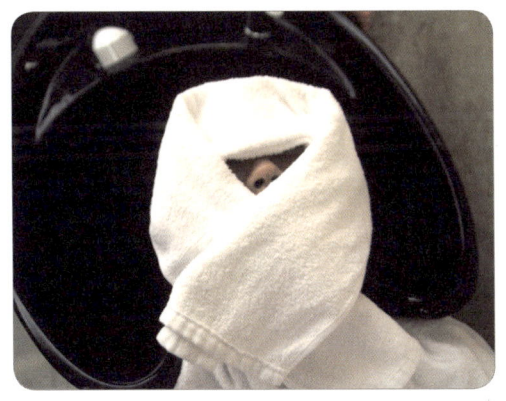

(3) 온도조절 하기

온도를 잘 느낄 수 있는 시술자의 손등을 이용하여 온도가 적당한지 수압이 맞는지를 먼저 확인한다.

(4) 물 도포하기

물의 세기를 조절하면서 고객에게 물이 튀지 않도록 두발에 조심스럽고 골고루 도포한다.

 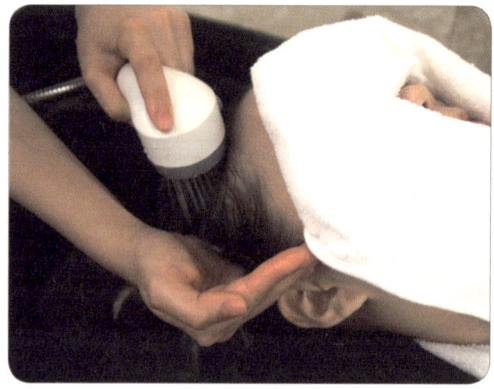

(5) 샴푸 마사지

① 두정부 지그재그 마사지

제품에 충분히 거품을 내고 두정부에 지그재그 마사지를 강약조절하며 샴푸한다.
검지와 중지를 이용해 오른쪽 관자놀이 부위부터 정준선 부위로 지그재그로 진행하며 반대쪽까지 진행한다.

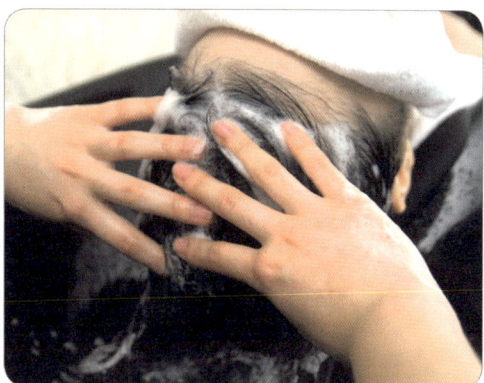
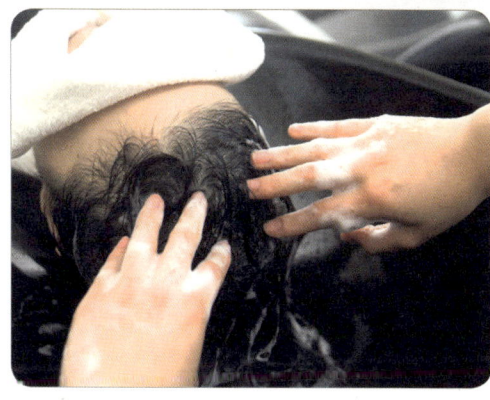

② 헤어라인 따라 누르기

헤어라인을 따라 혈점을 따라 지압 해준다.

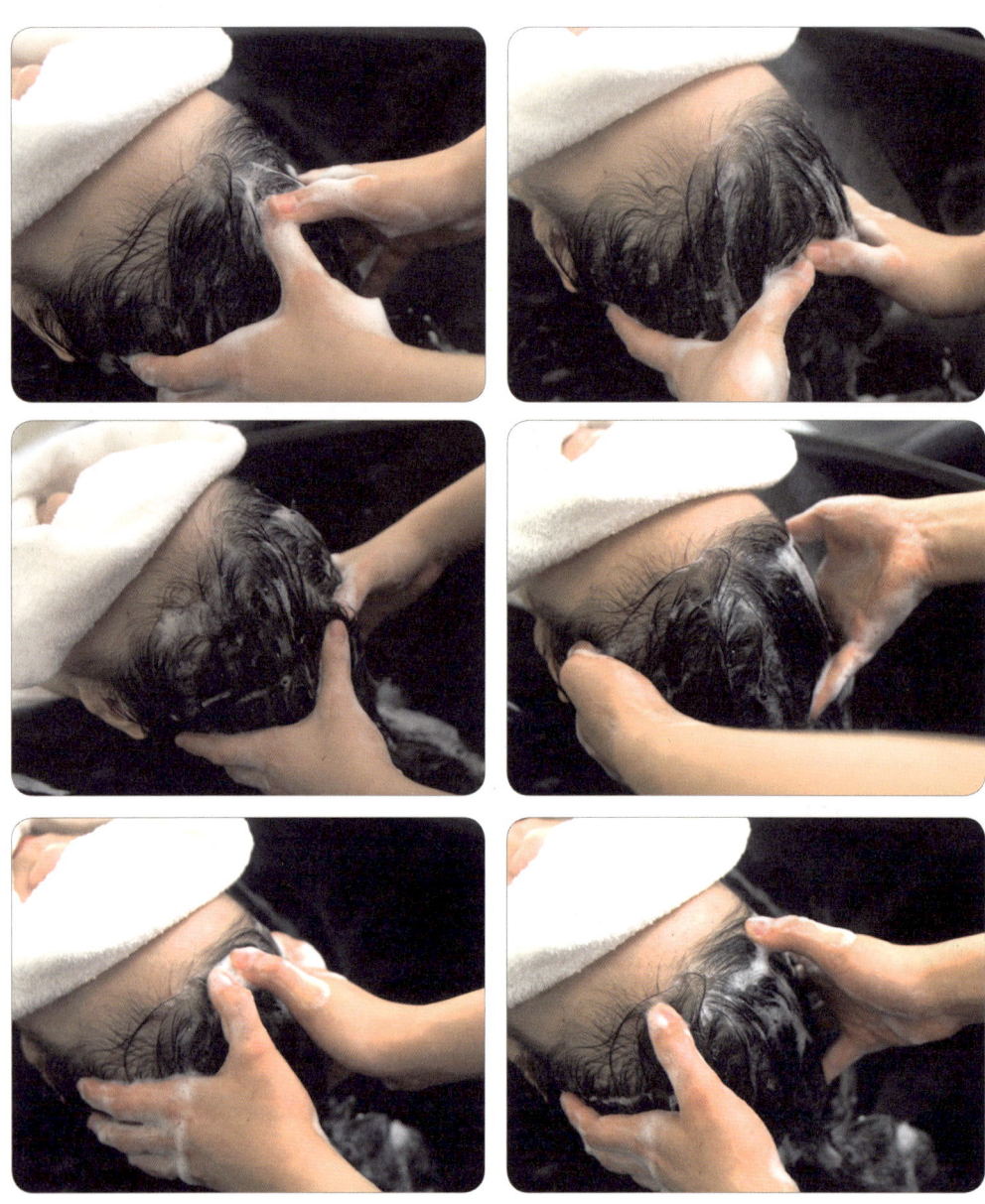

③ **두정부 혈점 누르기**

신정에서 백회까지 천천히 내려가면서 혈점을 누른다.

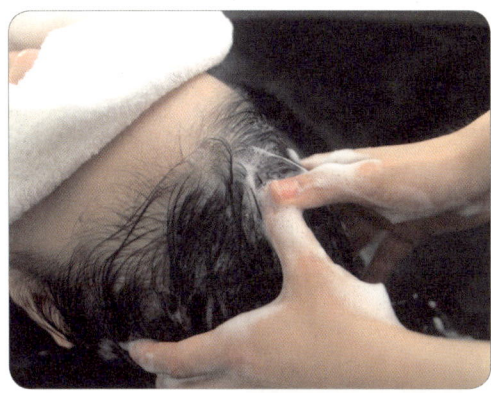
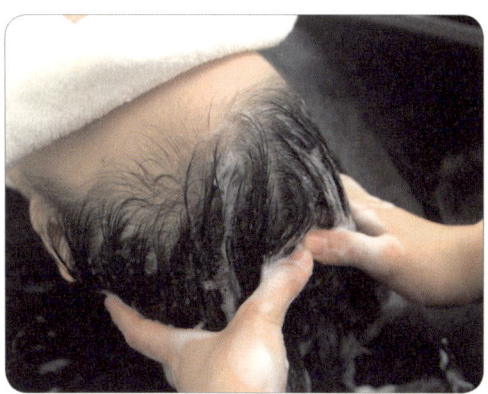
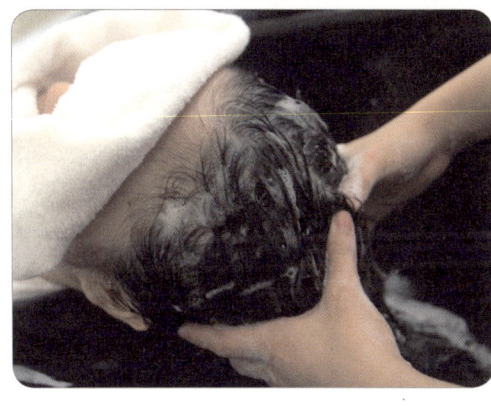

④ **두정부에서 측두부 마사지**

백회에서 귓선까지 압을 주어 누른다.

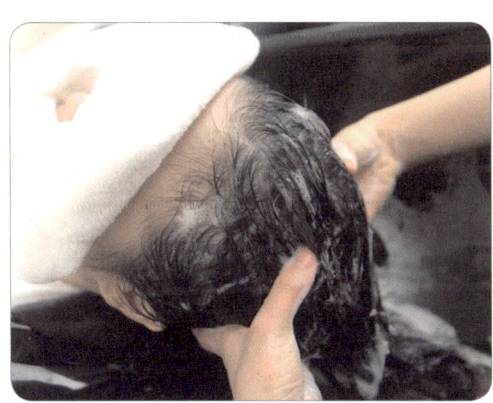

⑤ **측두부 마사지**

양쪽 측두부를 둥글게 굴리며 마사지한다.

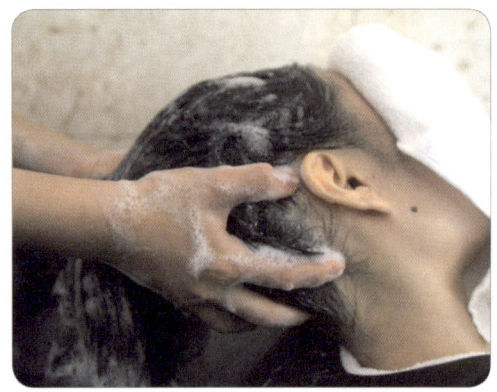
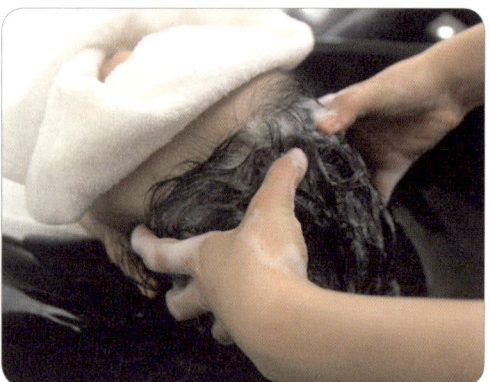
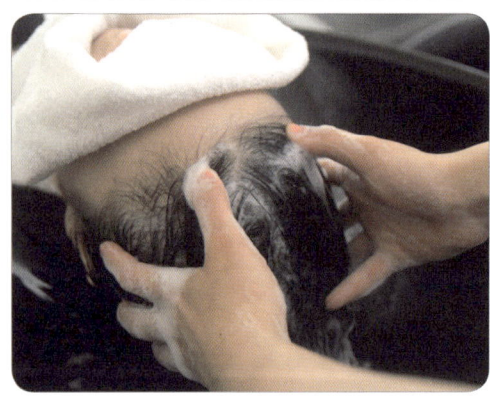

⑥ **후두부 마사지**

후두부 부위를 끌어올리듯 마사지한다.

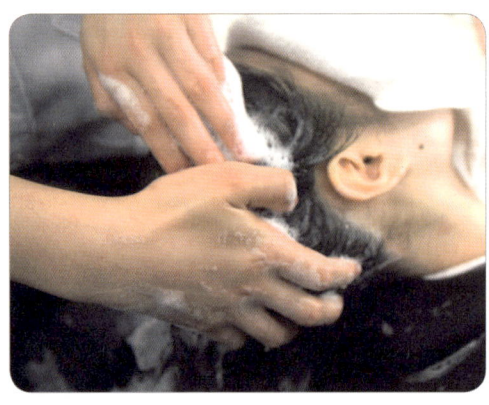
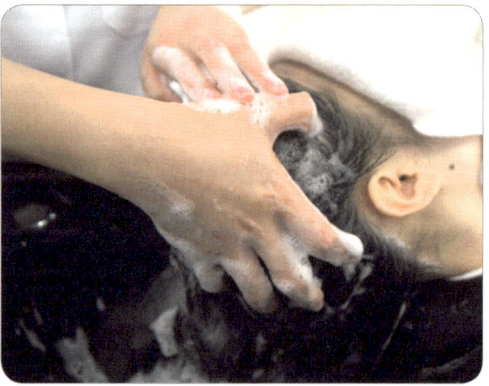

⑦ **뒷목 마사지**

고객의 뒷목을 끌어올리듯 마사지한다.

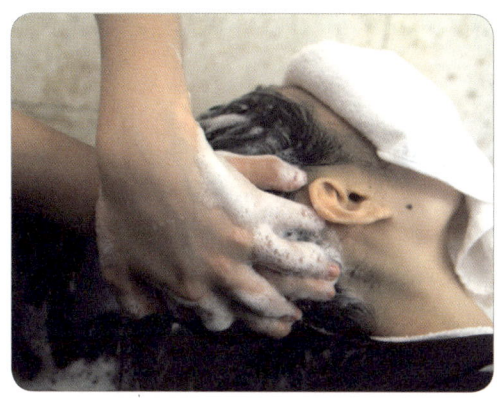 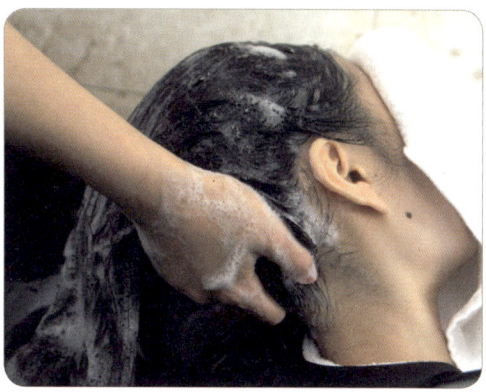

⑧ **귀 주변 마사지**

귀 주변의 혈점들을 골고루 자극해 마사지한다.

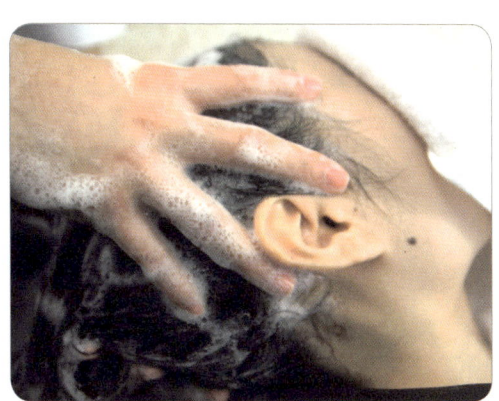 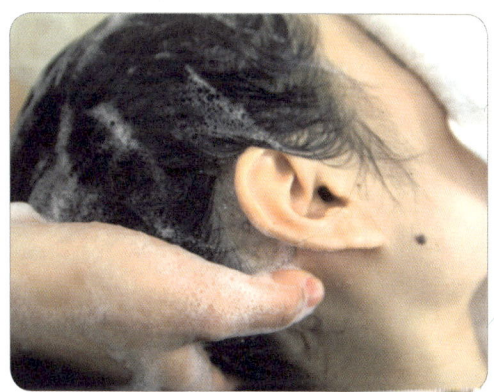

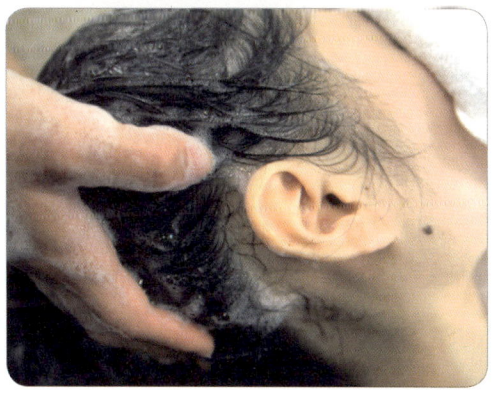

(6) 세정하기

물이 튀지 않도록 주의하며 세정한다.

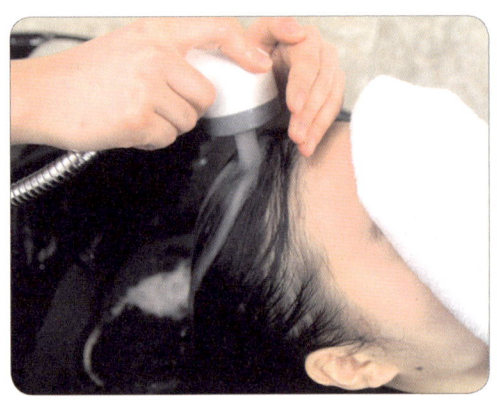
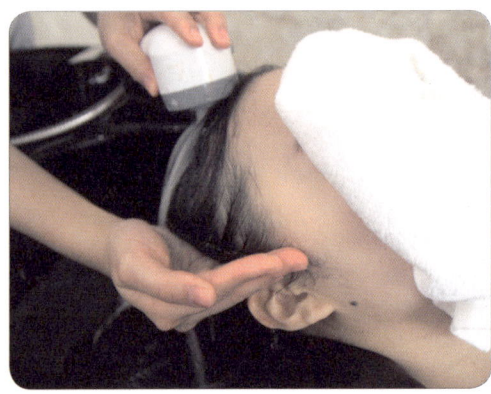

(7) 타월 드라이

타월을 이용 헤어라인으로부터 전체를 감싸며 물기를 닦아낸다.

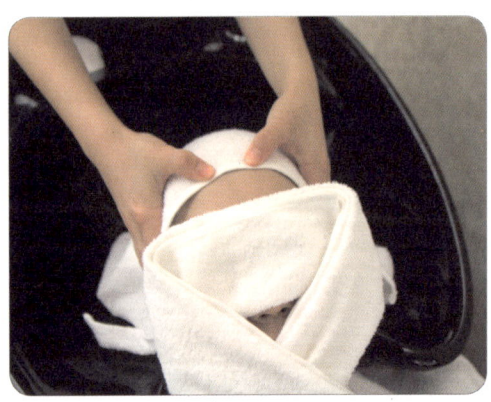
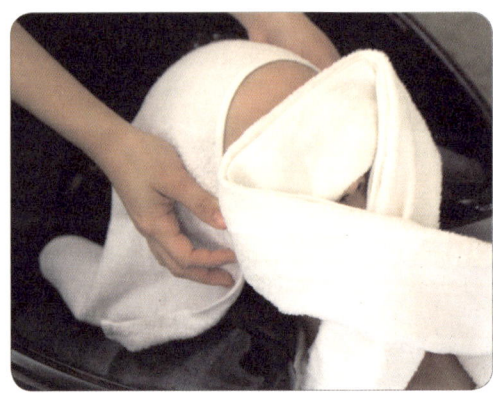
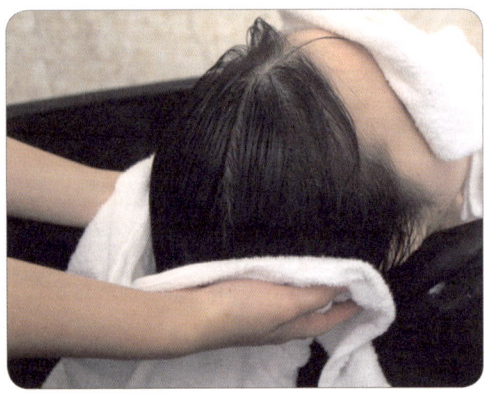

(8) 건조

두피의 건조는 타월로 물기를 적당히 제거하여 앰플과 같은 영양제를 도포했을 때 잘 흡수 될 수 있도록 찬바람으로 드라이를 하여 물기를 제거한다.

> **＊샴푸하는 방법**
> ① 머리를 미지근한 물로 충분히 적신다.
> ② 적당량의 샴푸를 두피에 바른 후에 거품을 낸다.
> ③ 다섯손가락의 지문을 이용하여 두피를 비비며 마사지해 준다.
> ④ 혈점을 지그시 누른다.
> ⑤ 3분 정도 방치하여 두피를 문지르며 깨끗하게 헹군다.
> ⑥ 린스는 두피에서 5cm 떨어진 부분부터 바른 후에 손가락으로 쓸어준다.
> ⑦ 마지막에 찬물로 헹구어 주면 모공 수축에도 도움이 된다.
> ⑧ 샴푸 후 두피 주변부터 가볍게 말린다.

 **5. 홈케어 및 사후관리**

고객이 일상적으로 관리할 수 있도록 제품과 보조기구들 추천하여 두피·모발의 상태를 유지할 수 있도록 한다. 두피관리 후 정돈되지 않는 모발을 스타일링한 뒤에 마무리해 고객의 만족도를 높여주며 이때 홈케어의 중요성과 샴푸 방법 등을 지도한다.

고객 스스로 관리방법을 인지하도록 하며, 집에서 손쉽게 사용할 수 있는 제품 및 보조기구 등을 추천해 준다. 또한 고객의 라이프스타일이나 주변 환경 및 식생활과 식생활의 변화를 체크하는 등도 사후 관리한다.

hair and scalp management

Chapter 9
테라피(therapy)의 활용

1. 아로마 테라피(aroma therapy)

1) 아로마 테라피의 정의

아로마 테라피는 아로마(香氣)와 테라피(療法)로 향을 의미하는 아로마(aroma)는 인간의 감정 센서에 영향을 미치는데, 아로마 테라피는 각종 식물의 꽃, 줄기, 열매, 잎, 뿌리, 열매 등에서 추출한 아로마향을 흡수하여 우리의 몸과 마음에 석용함으로써 건강을 관리·유지 할 수 있도록 안정과 편안함을 준다.

아로마 테라피는 일차적으로 모공과 땀구멍을 통해 피부에 흡수 될 뿐 아니라 이차적으로 정유의 지용성으로 인해 지방질 속에 녹아들어 피부 세포 사이로 침투하여 피부의 진피층까지 흡수된다. 이후 혈액순환과 림프 순환을 통해 전신을 순환하게 되며, 순환하던 정유는 자가면역 기구를 고양시키고 친화력을 가진 특정 기관에 머물기도 하며 근육에도 영향을 미친다. 에센셜 오일(essential oil)에는 두피와 모발 건강에 영향을 미치는 여러 가지 효능 작용들이 있다. 에센셜 오일은 피지를 조절하여 규칙적으로 피지를 분비하도록 도움을 주며 두피·모발 타입은 일반적으로 건성·보통·지성 타입으로 구분하는데 이는 피지선 분비 정도에 따라 구별된다. 또한 아로마에는 항박테리아 성질이 있어 두피의 염증을 방지하고 비듬제거 및 비듬 생성을 방지하며 림프액에 영향을 주어 독성 물질의 응집을 보다 효과적으로 제거해 주므로 두피의 피로를 방지해준다.

2) 아로마를 이용한 두피관리

① 림프액에 영향을 주어 독성물질의 응집을 보다 효과적으로 제거하여 두피의 피로를 방지해 준다.
② 두피에 필요한 영양분과 산소를 공급해 준다.
③ 두피의 혈액순환을 원활하게하며 모발의 성장을 촉진한다.
④ 탈모를 방지하고 항박테리아 성질이 있어 두피의 염증을 방지한다.
⑤ 비듬 제거 및 비듬 생성을 방지 하고 두피를 청결히해서 두피의 각화작용을 정상화하도록 돕는다.
⑥ 우울, 스트레스와 같은 정신적 문제를 해소시켜 마음을 안정시킨다.

3) 두피·모발관리에 활용하는 에센셜 오일

에센셜 오일은 향이 있으며 고농축 상태이므로 원액을 사용하면 피부에 자극을 주게 되므로 캐리어 오일(carrier oil)에 희석하여 사용한다.

(1) 라벤더(lavender)

화상, 타박상, 피부염, 습진 등 피부질환, 우울증, 불면증, 두통, 스트레스 등에 해소 효과 방부, 항바이러스, 살균, 살진균, 세포 성장, 소독, 소염, 탈취, 해독, 항바이러스 작용으로 머리의 종기 개선에 효과적인 헤어토닉이며 원형 탈모증에 치료 효과가 있다.

(2) 샌달우드(sandalwood)

백단향(白檀香)이라고도 불리며, 은은하고 달콤한 향이 오래 지속되며 건성피부, 노화 피부, 건성 피부개선, 마음을 진정시켜 주므로 진정·이완 작용을 해서 불안, 긴장, 우울증을 해소시켜주며 특히 두피 가려움증에 효과가 있다.

(3) 티트리(teatree)

기분을 상쾌하게 활력을 주며 살균, 소독 작용이 강하며 강력한 방부효과와 함께 기억력과 집중력을 강화에 우수하며 여드름, 피로 회복, 향균, 면역력 증진 등의 기능이 있으며, 라벤더처럼 원액 사용이 가능하나 자극성이 있으므로 원액을 피부에 바를 시 민감한 피부는 유의하여야 한다. 특히 두피 염증이나 비듬에 효과가 있다.

(4) 쟈스민(jasmin)

호르몬의 밸런스를 조절하여 피부 상태를 정상화하며 생식기 관련 문제에 탁월한 효과를 보이므로 여성의 출산 시에 효과적으로 사용할 수 있는 오일로 호르몬의 균형 유지, 자궁 경련, 생리통, 질 감염에도 효과가 있으며 불감증, 무력증 등의 남성 성기능 장애 치유와 최음 효과도 있다.

(5) 로즈마리(rosemary)

근육통, 관절통, 류마티즘 등에 효과적이고 처진피부, 건성피부 등에 세포 재생 촉진 효과와 강장, 진정, 소화, 수렴 등의 효과가 있으며 구풍작용, 항균작용이 있어 두피 가려움증에 효과적이다.

(6) 카모마일(chamomile)

차로 즐기거나 목욕, 미용, 습포 등 다양한 방법으로 이용된다. 신체의 긴장감을 이완시켜 주며 몸을 따뜻하게 해주는 효과와 방충, 진정, 진경, 진통, 발한, 소화촉진, 피로회복 등에 효과가 있다.

(7) 페퍼민트(peppermint)

호흡기 질환과 감기 예방에 효과적, 피지 분비의 조절과 모세혈관 수축작용으로 강하고 시원한 향인 캄파, 멘톨과 함께 비듬 예방, 노폐물 제거, pH밸런스를 유지해 준다. 건조한 모발에 아미노산과 수분을 보급하며 청량감을 부여한다.

4) 두피·모발관리에 활용하는 캐리어 오일(carrier oil)

주로 식물의 씨앗에서 추출되는 캐리어 오일은 에센셜 오일을 피부 깊숙이 쉽게 운반해 주는 역할을 하며 풍부한 영양분을 가지고 있어 그 자체로도 다양한 효과를 발휘한다.

(1) 호호바(jojoba) 오일

모든 피부 타입에 사용이 가능하며 특히 여드름, 습진, 모발 관리에 유용하다. 다른 캐리어 오일에 비해 잘 산화되지 않아 장기 보존 가능하며 다른 캐리어 오일과 혼합 사용하거나 단독 사용도 가능하다.

(2) 아보카도(avocado)오일

필수지방산, 비타민, 레시틴, 칼륨, 단백질이 함유되어 있으며 각질이나 두꺼운 피부에 침투성이 뛰어나 건성피부 및 노화피부에 촉촉함을 준다. 주로 20% 정도의 양으로 나른 캐리어 오일과 혼합하여 사용한다.

(3) 아몬드(almond) 오일

비타민과 미네랄, 단백질이 풍부하게 함유되어 있으며 전신 케어에 많이 사용하고 습진에서 오는 가려움, 건성피부, 기저귀 발진에 많이 쓰인다.

(4) 올리브(olive) 오일

비타민, 단백질, 미네랄이 함유되어 있으며 염증이나 피부 가려움을 완화 시키는 데 유용하여 건성 피부에 좋다.

5) 두피·모발관리에서 아로마 오일의 블렌딩(blending)

주로 식물의 씨앗에서 추출되는 캐리어 오일은 에센셜 오일을 피부 깊숙이 쉽게 운반해 주는 역할을 하며 풍부한 영양분을 가지고 있어 그 자체로도 다양한 효과를 발휘한다.

(1) 정상두피

땀과 피지 분비 상태가 정상적이며 각질과 불순물이 없는 깨끗한 상태로 두피의 색상은 우윳빛과 투명함을 보이는 상태로 정상두피를 유지할 수 있도록 한다.

타임 8방울 + 클라리 세이지 6방울 + 라벤더 11방울 + 호호바 오일 또는 아몬드 오일 50mL

(2) 탈모성 두피

비듬이 많고 가려운 증상을 호소하며 두피에 염증은 없으나 두피가 건조해져 윤기가 없고 모근이 가늘어진다. 남성호르몬 과잉 또는 혈액순환 장애에 의한 것으로 모발의 굵기가 가늘어지면서 탈모가 된다. 탈모 부위에 몇 방울 떨어뜨린 후 2분 간 부드럽게 마사지하면 스트레스 해소까지 이중 효과를 볼 수 있다.

로즈마리나 라벤더 또는 샌달우드 3방울 + 일랑일랑 3방울 + 시더우드 2방울 + 보드카 1/2티스푼 + 네롤리 워터 30mL

(3) 비듬성 두피

비듬성 두피는 두피의 이상을 나타내는 징후이기 때문에 빨리 원인을 찾아 관리를 해야 두피 문제와 탈모를 예방 할 수 있다. 비듬에 가장 좋은 에센셜 오일은 티트리로 항균, 항진균 특성이 있어 지루증상을 치유시킴과 동시에 2차 감염 예방효과가 있다. 베이스 오일은 피부질환 치료에 좋은 올리브 오일이나 호호바 오일과 섞어 만든다. 블렌딩 오일을 손가락 끝을 이용하여 두피에 잘 흡수될 수 있도록 마사지를 하면서 충분히 골고루 도포한 다음 30분 이상 방치 후 깨끗이 샴푸한다.

티트리 25방울 + 호호바 오일 또는 올리브 오일 50mL

(4) 민감성 두피

민감성 두피는 얇고 모세혈관이 확장되어 두피가 붉은색을 띠며 스트레스 및 피로로 인한 두피의 긴장과 혈액순환 장애로 두피에 홍반 및 충혈이 보인다. 세균의 감염으로 염증이 발생하거나 두피가 민감하여 퍼머, 염색약 등을 통해 염증이 유발되기도 하며 감염으로 인한 염증이 심할 경우 탈모로 진행된다.

 카모마일 5방울 + 제라늄 5방울 + 사이프러스 2방울 + 아몬드 오일 50mL

(5) 건성 두피

두피가 건조하고 노화 각질이 두텁게 쌓여 두피의 색상이 맑은 청색이 아니고 탁하다. 혈액순환이 원활하지 못해 영양 공급이 제대로 이루어지지 않아 모발이 가늘어지면서 건조하고 푸석거리며 탈모로 진행될 가능성이 있다.

 샌들우드 10방울 + 로즈우드 10방울 + 팔마로사 5방울 + 호호바 오일 또는 아보카도 오일 50mL

(6) 지성 두피

피지 분비의 과잉으로 과산화지질 등이 생성되어 털의 성장이나 발모에 지장을 주어 탈모로 진행될 가능성이 높다. 세정이 잘 이루어지지 않을 경우 가렵고 비듬이 생길 수 있으며 세균이 번식하면 냄새가 나고 지루성 염증으로 발전하기 쉽다.

 레몬 8방울 + 일랑일랑 9방울 + 로즈마리 8방울 + 호호바오일 30mL

(7) 손상 모발의 윤기 강화

손상 모발의 경우 블렌딩 오일을 듬뿍 적신 화장 솜을 두피 부분에 도포한 후 모선 단까지 쓸어내린다. 모발에 오일이 충분히 흡수되면 모발을 모아 타월로 감싸고 2시간 이상 방치한 후 샴푸한다.

로즈우드 2방울 + 제라늄 1방울 + 샌달우드 1방울 + 라벤더 1방울 + 호호바 오일 5mL + 아몬드 오일 15mL

6) 아로마오일을 이용한 헤어제품

샴푸 베이스에 다음과 같이 헤어 타입에 맞게 에센셜 오일(100mL 샴푸 베이스에 에센셜 오일 10~20방울)을 브랜딩한다.

① 모든 타입모발 : 라벤더, 로즈마리, 제라늄

② 건성 손상된 모발 : 프랑킨센스, 저먼카모마일, 로즈우드, 샌드우드

③ 지성모발 : 버가못, 시더우드, 싸이프레스, 제라늄, 그레이프푸룻, 주니퍼, 레몬, 라임, 파츌리

④ 유아모발 : 저먼카모마일, 라벤더, 만다린, 오렌지

⑤ 비듬모발 : 씨더우드, 유카립투스, 라벤더, 로즈마리, 티트리, 샌달우드

⑥ 감염된 두피 : 라벤더, 티트리, 저먼카모마일

⑦ 탈모 : 로즈마리, 진저, 페퍼민트, 씨더우드, 일랑일랑

hair and scalp management

Chapter 10
두피 타입별 관리방법 및 처치

1. 두피 타입의 분류의 중요성

 두피는 두개골을 감싸고 있는 피부조직으로 내·외적 요인에 따라 색상이나 두께, 각질의 유무로 외부에 문제를 나타내는 표현기관이다. 따라서 두피관리에 있어서 가장 중요한 부분이 상담 시에 이루어지는 두피 판독이 매우 중요하다.
 두피 타입에 따른 판독방법과 그에 따른 관리를 이해함으로써 두피와 모발을 건강하게 지킬 수 있도록 한다.

2. 두피 손상의 원인

두피 손상의 원인은 내적 요인과 외적 요인으로 구분할 수 있다. 각 원인들을 분석하여 고객의 문제를 정확히 파악하도록 한다.

두피손상의 원인			
내적 요인	외적 요인		
	외적 요인	화학적 요인	환경적 요인
호르몬 불균형 수면 식습관 영양 불균형(다이어트) 스트레스 흡수불량	세정 습관 드라이 브러싱 헤어 스타일	염색 펌 스타일링제 탈색	자외선 대기오염 해수 건조한 환경

표 10-1 두피 손상의 원인

3. 문제성 두피방지 및 처치

1) 가려움 방지 처치

일반적으로 병적인 것이 아니라면 가려움을 유발하는 경우 자극이 적은 샴푸제로 가볍게 마사지하면서 세정하고 타월 드라이 후에 항히스타민 성분의 연고를 두피에 충분히 문질러 바른다.

10~15분 스팀기로 처리한 후 세정하고 가려움 방지에 도움이 되는 멘톨·페퍼민트 성분이 함유된 제품을 사용한다. 하지만 가벼운 경우는 다음의 방법으로 일시적 처치를 할 수 있고 가려움도 비듬과 마찬가지로 본인의 체질적인 요인이 있기 때문에 일상생활, 특히 식사나 기호품 등의 개선을 필요로 한다.

2) 비듬 방지 처치

두피의 비듬은 건성과 지성 및 그 양자의 혼합형으로 나눌 수 있다. 건성비듬은 두피의 각화 이상이나 각질층의 건조에 의해 일어나는 증상으로 빗이나 브러시로 무리하게 제거하면 두피를 자극해 비듬 증상을 더욱 악화시킨다. 자극이 적은 샴푸제로 충분한 마사지를 하면서 샴푸로 세정하고, 타월드라이 후에 건조 방지를 위해 지방 보급용 트리트먼트제를 두피에 문질러 바른 후 10~15분 스팀기로 처리한 후 가볍게 세정한다. 지성 비듬은 피부면에 필요 이상의 피지 분비가 생기게 함으로써 두피가 기름지게 되고 피지로 인해 덩어리로 뭉쳐 모발에 붙어있는 형태를 보인다. 이러한 증상은 본인 체질상의 문제이기도 하고 식사, 변비, 정신직·육체적 피로 등이 원인이 되는 경우도 있기 때문에 일상생활에서의 건강 관리가 중요하다.

탈지력이 있는 샴푸제로 충분히 마사지해 가며 세정하고, 타월 드라이 후에 유분이 적으며 피지조절 성분이 있는 트리트먼트제를 가볍게 도포한다. 약 10분 동안 스팀기로 처리한 후 세정한다. 처치에 사용하는 샴푸제는 유화세린, 징크 피리치온(Zinc Pyrithione) 등을 함유한 것이 좋다. 어떤 방법을 선택하든 무리하게 비듬을 제거하려다 두피가 상하지 않도록 주의한다.

3) 탈모방지 및 육모처치

현재 의학적으로 육모 효과가 입증되고 있는 물질은 많이 나와 있지만 이러한 물질이 모유두까지 흡수되지 않아서 육모제는 단지 사용한 것으로 끝나 버리는 경우가 많다. 그러므로 육모제의 효과는 제품의 흡수 정도에 달려 있다고 할 수 있다.

자극이 적은 샴푸제로 가볍게 샴푸 후 각질 연화제로 모공 부위를 연화시키고 모공부터 흡수기능을 높이기 위해 마사지로 혈행을 좋게하며 적외선을 조사하기도 한다.

타월로 두피를 따뜻하게 해줌으로써 피부의 긴장을 풀도록 하고 육모제를 거즈 등에 충분히 적셔 두피에 도포한다. 이것을 손가락으로 두피에 압박하듯이 누른다. 이러한 작업을 주 1~2회 행한다.

 4. 두피관리방법

1) 지성 두피관리

- 브러싱·간단 세정·마사지
- 스케일링 도포 후 간단한 두피 마사지
- 헤어 스티머
- 지성용 딥 클렌징 팩
- 지성용 샴푸로 세정
- 건조와 진정
- 피지 조절 앰플 또는 탈모 앰플·모발 에센스

2) 건성 두피관리

- 브러싱·간단 세정·마사지
- 헤어 스티머로 수분 공급
- 두피 스케일링 도포 후 두피 마사지

- 두피 보습·영양 앰플 사용 후 헤어 스티머
- 건성용 제품으로 세정
- 모발 트리트먼트 후 필요시에 헤어 스티머
- 건조와 진정
- 두피 앰플 및 후처리 모발 에센스

3) 비듬·두피관리

- 브러싱·간단 세정
- 근육 마사지
- 스케일링과 두피 마사지 후 헤어 스티머
- 비듬용 트리트먼트 후 필요시 기기 사용
- 비듬용 제품으로 세정
- 건조와 진정
- 비듬 앰플의 적용

4) 탈모·두피관리

- 브러싱·간단 세정
- 족욕 및 근육 마사지
- 스케일링과 두피 마사지 후 헤어 스티머
- 탈모 방지용 제품으로 세징
- 건조와 진정
- 탈모용 앰플의 적용·기기 사용

hair and scalp management

Chapter 11
모발의 손상, 진단·처치

1. 모발손상의 기초

1) 모발 손상

(1) 일상적 손질에 의한 손상
샴푸, 타월드라이, 브러싱, 빗질 등 모발끼리 마찰에 의한 자극에 의해 손상된다.

① **타월드라이**
    샴푸 후 모발다발을 타월로 비비듯이 손질하는 경우 팽윤되어 있는 모발 간 비늘층이 부풀어 비늘층 가장자리가 부스러져 떨어질 수 있기 때문에 타월에 감싸 두드려 건조하는 것이 좋다.

② **샴푸**

충분한 거품을 통해 모발간의 마찰을 줄여 손상을 최소화한다.

(거품 : 오염 제거, 쿠션 역할)

③ **빗질**

무리한 브러싱은 정전기적 마찰을 일으켜 모발의 비늘층을 손상시킨다.

④ **블로우 드라이어**

역으로 모발에 강한 바람을 주었을 때 모표피(cuticle)의 박리가 되어 손상이 된다.

⑤ **과도한 열 또는 자외선**(UV)

과도한 열은 모발의 성분인 케라틴 변성을 일으키거나, 모발 구조 절단, 분해

⑥ **커트**

커트 혹은 틴닝이나 레이저 등 칼날이 잘못된 시술과 좋지 않은 도구 사용시 모발 단면의 절단면에 모발 미세구조의 유출이 형성

(2) 화학처리에 의한 손상

모발의 내부 구조를 손상시키는 화학처리에 의한 손상으로 탈색, 염색, 퍼머 등을 시술할 때 모질에 대한 용제의 잘못된 선정이나 시술 미숙 등에 의한 손상을 일으킬 수 있다.

(3) 환경에 의한 손상

음식물의 중금속 오염, 대기 중의 배기가스 등 유황산화합물, 질소산화물, 오염물과 오염물이 탈모를 유발한다.

(4) 생리적 요인에 의한 손상

호르몬 불균형 및 편식, 무리한 다이어트, 과도한 스트레스 등에 의한 모발 성장과 미세 구조 형성에 지장을 초래한다.

2) 모발 손상에서의 진단

(1) 물리적 손상에서의 진단

① 시진, 촉진 시 광택과 윤기가 없으면 탄력성 및 기모, 빗질 등이 잘 되지 않은 경우를 통해 손상정도를 진단한다.

② 모표피의 손상이 클수록 마찰 저항은 커진다.

③ 모발 섬유에 외력을 가할 경우 모피질에서의 인장 강도로 손상을 진단한다. 손상이 있는 경우는 강하지 않은 강도에도 쉽게 절단된다.

④ 수분 흡수량을 모발 중량 증가로 조사

(2) 화학적 손상에서의 진단

① **알카리 용해도**
모표피 손상과 함께 중량이 감소하고 모피질내 간충물질에도 영향을 미친다.

(3) scalp 진단
① 퍼머 1제 사용으로 인해 두피에 떨어진 퍼머1제로 인해 염증을 유발되는 경우가 있다. 최대한 두피에 닿지 않도록 하며 보호크림을 노뽀해서 보호하는 방법이 있다.

② 지루성 두개피부염이 발병하였거나, 손상된 두피인 경우 화학용제 처리는 염증 증상을 더욱 조장할 수 있으며 상처, 염증질환, 탈모 증상이 있는 경우가 있다.

③ 건조성과 예민성 두피의 경우는 화학 용제 처리 후 비듬을 더욱 유발될 수 있으며 비듬의 발생 시 미생물 발육 억제하여야 한다.

④ 한선을 통해 분비되는 땀에 의한 미생물 기생을 방어해야 한다.

(3) 모발상태에 따른 진단과 특징

모발 상태	진단	특징
다공성모 (porous hair)	손상된 모발로 빗질의 반대방향으로 약간의 모다발을 잡아 손가락으로 밀었을 때 부드럽게 밀리면 다공성모라고 한다.	퍼머제, 염모제의 흡수율과 침착율이 빠름 자외선 또는 염소수에 자주 접한 모발은 자극에 의해 다공성 심함
저항성모 (resistant hair)	건강한 모발로 모발에 물을 분무했을때 흡수되는것 보다는 흘러 내리는 양이 많은 경우 저항성모라고 한다.	모표피의 세포 수 뿐만 아니라 비늘층간 간격이 좁게 밀착되어 물이나 제품의 흡수력이 약함

표 11-1 모발상태 진단과 특징

hair and scalp management

Chapter 12
두피모발 관리제품 성분

🍃 가수분해 및 단백질(Hydrolyzed wheat protein)

모발에 습도 조절과 모발 회복의 중요한 역할을 하는 성분이다. 모발에 윤기를 주며 손상된 모발의 끝을 부드럽게 도와주며 드라이어의 열에 의한 손상을 막아준다.

🍃 아보카도 추출물(Avocado Extract)

열대지대에서 지배되고 있는 아보카도 열매에서 추출한 추출물로 일반적으로 모발과 두피를 건조해지지 않도록 도와주는 것으로 알려져 있다.

🍃 데실 폴리글루코스(Decyl Polyglucose)

계면활성제로서 모발과 두피의 더러움을 깨끗하게 씻어준다. 옥수수나 코코넛에서 추출하는 성분이다.

🍃 아니카 추출물(Arnica Extract)

아니카 꽃에서 추출한 추출물로서 두피에 활력을 주는 것으로 알려져 있다.

🍃 **알로에 베라 제리**(Aloe Vera Gel)
  알로에 베라에서 추출한 추출물로서 우수한 보습효과를 가지고 있다. 완화 효과를 유지하기 위하여 냉각처리 된다.

🍃 **쐐기풀 추출물**(Nettle Extract)
  쐐기풀의 잎과 줄기에서 추출하는 천연 아스트린젠트이다. 두피를 활력있게 하는 효과가 있으며 민감한 피부에 좋다.

🍃 **맨톨**(Menthol)
  페퍼민트 오일의 주요 성분으로 피부에 대해 청량감과 완화 효과를 가지고 있다.

🍃 **갈조 추출물**(Algae Extract)
  갈조류에 속하는 해조에서 얻은 추출물로서 모발에 볼륨감을 주고 정전기를 감소시키는 작용을 한다. 피부에 보습 및 컨디셔닝 효과를 가지고 있다.

🍃 **가수분해 추출물**(Hydrolyzed Collagen)
  유화제이며 보습제이다.

🍃 **카모마일 추출물**(Chamomile Extract)
  피부완화 효과와 유화 효과를 준다.

🍃 **컴프리 잎 추출물**(Comfrey leaf Extract)
  컴프리 잎에서 추출한 추출물로서 모발과 두피를 진정시키는 효과가 있다.

🍃 **인동덩쿨 추출물**(Honeysuckle Extract)
  모발을 부드럽게 해주는 컨디셔너이다.

🍃 **토코페일 아세테이트**(Toneysuckle Extract)
  화장품에서 보습제, 컨디셔너제로 작용한다.

🍃 **세이지 추출물**(Sage Extract)
민트과에 속하는 것으로 진정효과가 있다

🍃 **월견초 오일**(Evening Primrose Oil)
달맞이꽃에서 추출한 것으로 에몰라엔트이며, 헤어 컨디셔너이다.

🍃 **판테톨**(Pantheno)
프로 비타민 B, 피부와 모발에 컨디셔닝 효과를 준다.

🍃 **카렌듀라 추출물**(Calendula Extract)
마리골드 꽃에서 추출한 것으로 두피를 진정시키는 효과가 있으며 모발에 윤기를 준다.

🍃 **트랏간카스 검**(tragacanth Gum)
피부 속에 많이 함유되어 있는 천연보습인자로 피부와 모발에 필수 성분을 주고 보습제로 사용되고 있다.

🍃 **페퍼민트 오일**(Penppermint Oil)
민트에서 추출한 것으로 상큼한 향기를 가지고 있으며, 청량감을 준다.

🍃 **위치하젤 추출물**(Witch Hazel Extract)
수렴작용으로 피부에 신신함을 준다.

🍃 **옥틸 메톡시신나메이트**(Octyl Methoxycinnamate)
자외선을 흡수하는 작용을 한다.

🍃 **히아루론산**(Hyaluronic Acid)
피부를 매끄럽게 정리해주는 보습성분으로 적절한 수분상태를 유지할 수 있도록 도와준다.

🌿 **벤조페논-4**(Benzophenone-4)

자외선 차단제로 작용한다.

🌿 **해바라기씨 오일**(Sunflower Seed Oil)

해바라기 씨에서 추출한 것으로 보습제와 컨디셔너로 작용한다.

🌿 **호호바 오일**(Jojoba Oil)

미국 남서부나 멕시코 북부에서 자생하는 식물 호호바에서 채취한 저자극성 오일로 모발 보습제이며, 컨디셔너이다.

🌿 **마로니에 추출물**(Horse Chestnut Extract)

아스트리젠트로 사용한다.

🌿 **글레이셜 머린 머드**(Glacial Marine Mud)

캐나다 큰강 어귀에 퇴적되어 잇는 글레이셜 머린머드는 두피의 불필요한 피지를 흡착하는 성질을 가지고 있다.

🌿 **레몬 추출물**(Lemon Extract)

레몬열매에서 추출한 것으로 클렌징과 동시에 모발에 윤기를 주는 효과를 가지고 있다.

🌿 **로즈마리 추출물**(Rosemary Extract)

피부를 생기 있게 하는 작용을 한다.

🌿 **로얄 젤리**(Royal Jelly)

여왕벌의 먹이인 로얄젤리는 피부에 수분을 공급하고, 수분손실을 막도록 도와준다. 비타민 단백질 미네랄과 탄수화물이 풍부하게 함유되어 있다.

🌿 **알란토인**(allantoin)
자극받은 두피의 진정작용, 상처치유작용, 피부저항을 강화시킨다.

🌿 **비사보롤**(bisabolol)
항염작용, 상처치유 작용이 있다.

🌿 **세트리모니움 클로라이드**(cetrimonium cloride)
코팅막을 형성하여 빗질을 용이하게 하고 모표피의 기능을 강화시킨다.

🌿 **디메티콘코포리올**(demethicone copolyol)
보습효과, 영양공급한다.

🌿 **PP팩터**(PP factor)
재생효과가 우수하여 모발구조를 강화시킨다.

🌿 **글리세레쓰-26포스페이트**(glycereth-26phoshate) **하이드로라이즈드위트프로틴**
(hydrolyzed wheat protein)
윤기를 강화시키는 복합 물질

🌿 **라네쓰-20**(laneth-20)
컬러의 안정성 및 지속력을 강화시키고 모발에 윤기와 광택을 부여한다.

🌿 **레시틴**(lecithin)
모표피에 영양을 공급하여 그 기능을 강화시키고 빗질을 용이하게 한다.

🌿 **네틀익스티랙트**(placenta extract)
볼륨감을 부여하고 모발이 두껍고 풍부해 보이게 한다.

🍃 옥토피록스(octopirox)
비듬을 제거하고 비듬이 생기는 것을 예방한다.

🍃 판테놀(panthenol)
모발에 영양과 수분을 공급하여 부드럽고 촉촉하며 탄력 있는 모발을 만든다.

🍃 폴리쿼터니움-10(polyquaternium-10)
코팅막을 형성하여 부드럽고 강한 모발을 만든다.

🍃 실리콘오일(silicone oil)
모발을 보호하고 부드럽게 하며 모발구조를 강화시킨다.

🍃 소디움 라우레쓰 썰페이트(sodium laureth sulfate)
세정력이 뛰어나 모발에 남아있는 잔여물을 말끔히 제거한다.

🍃 UV필터(UV filter)
자외선으로부터 모발을 보호하고 퇴색을 방지한다.

🍃 피마자유(castor oil)
다른 유지에 비해 친수성이 높고 점성이 있으며 에탄올에 용해한다. 피부보호제로 사용되며 립스틱과 메니큐어, 포마드의 주원료이다.

🍃 목랍(japan wax)
포마드, 립스틱, 모발용 원료이다.

🍃 동백유(camellia oil)
올리브유와 성상 등이 유사하며 두발용 오일로 사용한다.

🍃 라놀린(lanolin)

보습작용을 가지고 있으며 높은 수분 흡수력을 가진 유화제, 얇은 막을 형성, 냄새, 끈적임의 단점이다. 기초 화장품, 메이크업 화장품의 원료로 사용된다.

🍃 유동 파라핀(liquid paraffin)

수분 증발 억제, 정제가 용이, 무색, 무취로 유화가 쉬워 유상원료로 다량사용, 사용감을 향상 시킨다.

🍃 올리브유

나무의 과실에서 얻은 기름으로 피부표면으로부터 수분증발을 억제하고 사용감을 향상시킨다. 각종 크림이나 유액, 마사지오일, 헤어 오일, 선탠오일에 사용한다.

🍃 파라핀(paraffin)

불활성, 번질, 변취가 없고 유화하기 쉽다.

🍃 에탄올(ethanol)

살균력, 건조 촉진작용, 수렴성, 청량감을 부여하며 헤어토닉, 아스트리젠트로션, 향수, 방취 화장품에 사용된다.

🍃 정제수

각질층에 수분 보급, 성분의 용해 화장품에 사용되는 가장 일반적인 성분이다.

🍃 금속이온 봉쇄제(sequestering agents)

금속이온을 불활성화 할 목적으로 사용한다.

🍃 향료(perfumes)

부향.

🌿 착색료
립스틱의 색소, 염착성이 있는 염료 립스틱.

🌿 글리세린(glycerin)
무색, 무취, 보습성 액체, 피부의 수분 유지, 로션과 크림의 퍼짐성 부여하며 로션, 영양크림의 주원료로 사용된다.

🌿 foam(폼)
무스원액을 내압 용기에 넣고 분사제(LPG)를 충전하면 사용할 때 폼이 형성된다.

🌿 mousse(무스)
젖은 모발에 도포 후 원하는 헤어스타일로 고정시킬 목적.

🌿 유연제
피부의 에몰리엔트 보습, 사용감, 화장품.

🌿 방부제
미생물 증식 억제.

🌿 히아루론산(hyaluronic acid)
무코다당류의 일종, 동물의 관절액이나 눈동자 등에 함유, 고보습 물질 자기 무게의 80배 정도의 수분을 흡수 유지시키며 히아루론산이 피부 주변의 수분을 흡수하여 오래도록 촉촉하고 부드러운 상태를 유지시켜 준다.

🌿 태반추출물(placenta extract)
기미, 주근깨 치료 또는 개선하는 미백기능, 항균, 살균, 항염증 효과를 이용한 여드름 치료 가능, 세포재생으로 노화방지, 탄력을 회복 시켜주는 기능이 있다.

🌿 당귀(angelica)

피를 만들어 주는 조혈 작용과 세포 재생에 의한 노화 방지 및 미백제품 등의 기능 혈액순환을 원활하게 하고, 모세혈관에 탄력을 강화하여, 항상 촉촉하고 부드러운 머릿결로 가꾸어 준다.

🌿 콜라겐(collagen)

근육, 뼈, 힘줄, 이 등을 구성하는 구조 단백질의 일종이며 고보습 물질로 피부속에 위치한 섬유아세포의 성장을 촉진시켜 주는 물질이다.

🌿 엘라스틴

신축성 섬유 단백질로 산이나 알카리에 강하기 때문에 산과 알카리로 처리한 후에 남는 물질을 처리하여 얻어지나, 콜라겐보다 보습 기능은 떨어진다.

🌿 수세미(loofah)

염증을 억제하는 소염 작용, 촉촉하게 피부를 유지시켜 주는 보습, 미백 작용.

🌿 대추(jujube)

강장, 진정, 보혈, 피부 거칠음 방지, 안면 부스럼 등 항알러지 효과가 뛰어 나다.

🌿 파

진정, 소염, 혈행 순환 촉진 등의 작용.

🌿 황(sulphur)

미백, 여드름 치료에 쓰이므로 살균, 항균 작용이 있다.

🌿 홍화(safflower)

물감을 들이는 천연 원료로서 피부 유연, 땀분비 억제, 방지 효과가 있다.

🍃 사과(apple)

과일산의 하나로서 AHA(a-hydroxy acidalpha hydroxy acid)가 함유, 피부 보호, 피부 유연 효과, 방부, 피부 안정 효과가 있다.

🍃 고추(red pepper)

혈행 촉진, 발한, 발모 효과에 주로 쓰인다.

🍃 율무(coix seed)

피부 재생, 보습, 소염, 미백 효과 등이 있다.

🍃 상백피(mulberry)

뽕나무껍질로써 소염, 보습, 조직회복, 티로시나제 억제에 의한 미백 등에 효과가 있다. 누에를 상시 복용 시 피부탄력, 잔주름예방, 기미, 주근깨, 색소 침착 예방에 효과적이다. 상백피에는 플라보노이드 종류가 다량 함유되어 있어 산소 라디칼을 제거, 억제하고, 두피의 세포 손상을 줄여 손상된 머릿결을 개선해 준다. [본초강목]에 의하면 상백피를 외용하고 있는 예가 많이 기재되어 있다.

1. 머리카락이 빠질 경우에는 상백피를 잘게 썰어 물에 담가 5, 6회 정도 완전히 끓여 익혀 찌꺼기를 제거한다. 그 액으로 헹구면 머리카락이 빠지지 않는다.
2. 모발이 시든 것처럼 윤기가 없을 때는 상백피, 백엽을 각각 1근씩 달여 모발에 사용하면 모발이 윤택해진다.
3. 딱딱한 석응(피부의 색은 변화가 없지만, 돌과 같이 단단해지는 것으로 목과 목덜미의 양측, 허리로부터 무릎사이에 나타나는 것)에는 고름이 만들어지지 않아서 상백피를 그늘에 말려 분말로 하여 녹인 아교에 술을 첨가에 조제한 것을 붙이면 부드러워진다. (비듬, 가려움 방지 효과, 탈모나 윤기가 없는 머리의 트러블에 효과를 보이기 때문에 헤어케어 제품의 응용도 기대 할 수 있다.)

🍃 토마토(tomato)

보습, 피부신진대사 촉진, 여드름방지 효과.

🌱 행인(apricot prebend)
　살구씨앗으로써 피부 유연, 기미, 주근깨 등의 색소 침착 개선, 주름방지, 두피모발 조정작용 효과가 있다.

🌱 호도(walnut)
　호도추출물로써 왁스 및 오일은 피부를 윤택하고 부드럽게 해주는 효과이다.

🌱 신선초
　유기게르마늄 함량이 많아 면역기능과 알러지를 완화시키며 염증이나 통증억제에 뛰어난 효과이다.

🌱 금잔화(marigold)
　피부 유연 효과 항여드름 효과 홍반 세포재생 등 주요성분은 카로티노이드 트리페르펜시포닌 후라보노이드 등으로써 건성용 피부로션에 사용한다.

🌱 가지
　콜레스테롤 분해, 간기능 보호와 지방질 분해로 균형 있는 몸매에 도움을 준다.

🌱 난초(orchid)
　항염증, 수렴, 항지루, 보습, 진정작용이 있다.

🌱 옥수수(corn flower)
　피부유연 효과, 항염증 효과, 부작용진정, 영양공급, 주요성분은 안토시안과 펙틴 등이며 lotion, after shave에 쓰인다.

🌱 밤(chestnut)
　수렴과 염증성 분비물 방지 작용

🌿 케일
위장과 대장을 보호.

🌿 오이(cucumber)
햇빛에 그을린 피부에 진정 효과 및 상처 치유, 살갗이 거칠어지는 것을 방지한다.

🌿 종료나무
주성분은 탄닌, 수렴 및 항염 작용이 있다.

🌿 칡
숙취에 효과가 있으며 혈압강화작용, 세정, 항균, 피부재생작용, 주성분은 다이드자인(daidzein), 다이드진(daidzin), 푸메라린(puerarin).

🌿 더덕
주성분은 사포닌(saponin), 알파스피나스테롤(-spinasterol), 스티그마스테롤(stigmasterol), 알비게닉산(albigenic acid), 아피게닌(apigenin), 항피로, 흥분, 혈행 촉진 작용에 의한 피부재생 해독 작용이 있다.

🌿 글리콜린산(glycolic acid)
사탕수수에서 추출, AHA중 분자량이 가장 작아 흡수 및 침투력이 뛰어남, 각질 세포를 부드럽게 해주며 피부세포 재생에 효과.

🌿 젖산(lactic acid)
우유 또는 발효, 효소 산화에 의해 추출, 세포 재생 효과 및 수분 조절 효과가 탁월, 몸속의 노폐물인 젖산이 체내에 축적되면 피로가 쌓인다.

🌿 말릭산(malic acid)
말릭은 사과를 뜻하며 포도, 오렌지, 딸기, 사과에서 추출, 세포의물질대사 촉진 및 강화.

🌿 주석산(tartaric acid)

포도쥬스에서 다량 존재, 식품 첨가제로 사용, 다른 과일산의 보조 역할로 효능을 강화.

🌿 구연산(citric acid)

레몬, 오렌지에 함유, 식초의 3배 효능으로서 식품을 시게하며 약산성 보조제로 사용.

🌿 만델산(mandelic acid)

글리콜릭산의 유도체로 AHA의 효능 강화.

🌿 하이드로퀴논(hydroquinone)

표백 및 미백, 각질 연화 및 제거작용.

🌿 카아랴 오일(kalaya oil=EMU oil)

새의 일종인 이뮤(EMU oil)에서 뽑아낸 순수한 오일, 모이스춰라이징 크림과 로션류, 나이트크림과 아이크림, 입술 보호제, 비누, 두발제품에 사용, 상처 치료에 따른 피부 회복력과 근육 및 관절의 통증 치료에 사용.

🌿 연옥(軟玉)

인체에 필수적인 철분, 마그네슘, 칼슘 등의 광물을 함유하며 머리털 같은 무수한 크리스탈과 섬유질 등 아주 작은 입자의 집합체로서 고혈압, 당뇨병, 순환기 장애, 심장병, 신장장애 등의 치료들 위한 자연적 약품이며 차가운 성분이므로 화상을 입은 피부를 진정시키고 회복 시켜 준다.

🌿 밍크 오일(mink oil)

70~80%의 불포화 지방산을 함유, 인간의 피부 지방과 유사한 성분을 가졌으며 유화 기능과 산화 안정도가 뛰어나며, 다른 oil과 섞어도 안정도가 좋다. 자외선이나 적외선에 의한 피부 손상 및 피부 수분의 증발을 막아준다.

🌿 질경이
거담, 항균, 소화계, 항염증, 항종양 작용.

🌿 아보카도유(avocado oil)
아보카도 열매에서 추출, 64~90%의 올레인산(oleic acid)을 주 성분으로 하는 불포화 지방산의 글리세라이드로서 피부조직 연화, 피부보호 작용, 피부재생 작용, 자외선 흡수 작용에 의해 샴푸, 린스 등의 treatment제로서 우수한 conditioning효과.

🌿 밀배아유(wheat germ oil)
밀의 씨눈에서 추출한 오일로서 건성, 피부 노화의 세포재생

🌿 올리브유(olive oil)
올리브 열매 과육에서 채취, 피부면의 수분 증발 억제, 사용감촉 향상.

🌿 참기름(sesame oil)
에모리엔트제로서 산화를 방지하고 자외선을 차단시키는 일광 차단제로 사용됨.

🌿 알로에(aloe)
살균·소염작용, 보습작용을 하며, 신진대사의 효과가 높다.

🌿 당근(carrot)
비타민 A의 전구체이므로 피부트러블이나 과민성, 햇볕에 탄 피부, 피곤해진 피부에 효과가 있다.

🌿 율무
철분, 칼슘, 양질의 섬유질, 단백질, 비타민 B1, Vt E, 리놀산, 탄수화물 등이 들들어 있다. 여성의 성호르몬의 분비를 촉진 배란을 유발시키며, 피부에 윤기와 탄력을 주며 피부가 촉촉하고 부드러워진다.

🌿 쑥(mugwort)

강력한 항균, 소염 작용으로 여드름, 습진, 햇빛에 탄 피부 등 피부 트러블을 예방할 수 있다.

🌿 녹두(Pbaseolus aureus)

세정과 보습효과, 피부노화를 적극적으로 방지하고 단백질의 피지 제거 기능으로 피부 깊숙이 박힌 노폐물까지 제거.

🌿 상지(Morus alba)

멜라닌 생성을 근본적으로 막아주며 AHA함유로 노화 각질을 깨끗하게 제거해 피부색을 한결 맑고 깨끗하게 가꾸어준다.

🌿 벌꿀집(프로폴리스)

항균, 살균할 수 있는 물질로서 항염증 작용도 뛰어나 여드름의 치료나 염증의 치료에 쓰이는 특수 성분이다.

🌿 갈대

주성분은 콕솔(colxol), 단백질, 펜토산(pentosan), 리그닌(lignin) 독소제거 및 세정 작용.

🌿 히드록시프롤린 및 아스파르트산

모낭벽의 탄력을 촉진하는 아미노산. 실제로, 이러한 물질의 작용은 콜라겐과 엘라스틴 등의 단백질 섬유 합성을 증식시켜 결합 조직 구조의 세포를 자극하는 효과. 이것은 모낭 주위에서 모낭을 지지하고 있는 결합 조직의 기능을 향상시키고 정상화하는데 도움.

🌿 효소 활성화제

모근과 모낭 사이의 결합을 강화시키는데 도움. 특별한 효소(transglutaminases)를 활성화하여 모발이 생육 위치에 잘 고정되게 하는 여러 가지 구조 단백질 간의 상호 연결 프로세스를 유발.

🌿 시스테인

케라틴의 유기적 구성 요소인 황 아미노산·모발 성장에 필요한 케라틴화 과정을 촉진하는 모낭을 위한 영양 요소.

🌿 라이신

생체 내에서 합성되지 않는 필수 아미노산·단백질 합성 및 모발 성장의 필수 요소.

🌿 당단백질

세포의 물질 대사 자극하여 세포호흡 속도를 높이고 세포의 단백질 합성을 더욱 촉진.

🌿 니코틴산 벤질

두피의 미세 순환에서 혈액 순환 속도를 일시적으로 높여주는 역할. 두피에 대한 영양 공급을 높이고 모낭의 기능 회복에 도움. 이것은 제품에 포함된 다른 기능성 물질의 흡수 촉진에도 도움.

🌿 박하

박하의 멘톨산은 청량감과 두피의 냄새를 제거하고, 초산, 수지 및 소량의 Tannin은 남성피지를 억제해 가려움증이나 과도한 유분을 억제해 줍니다.

🌿 감나무잎

비타민C의 다량함유와 함께 비타민 P, B, K도 충분히 포함하고 있어, 예민하고 약한 두피를 개선해 준다. 또한 육모작용과 보습작용이 있다. 이와 같이, 감나무잎 추출물은 사람의 모발을 조성하고, 모를 만드는 모조세포의 증식을 촉진하는 결과를 나타내며, 사람을 대조한 실제 사용실험에 있어 실험자의 육모효과가 뛰어났다. 또한, 천연의 감나무 잎을 원료로 하는 것이기 때문에 안전성이 뛰어나며, 남성형탈모증의 치료 또는 방지하기 위해 유효하게 이용하는 것이 가능하다. 또한, 뛰어난 보습효과 때문에 끈적거리지 않는 범위에서 헤어 보습제나 로션으로서의 이용이 용이 하다.

🌿 은행나무

다량의 플라보노이드가 함유되어 있어, 혈액순환을 좋게 하고 각종 유해환경이나 오염물질로부터 머릿결을 보호해 준다. 화장료로서 은행나무 추출물을 배합한 것, 예를 들어 피부 적용 시에는 혈액촉진작용에 의해 피부부활성효과, 두피에서는 재생 활성효과에 따라 육모, 양모효과가 있으며, 각종화장료의 원료로 제공이 가능하다. 구체적으로 화장수, 유액, 크림, 마사지류, 팩류 등의 기초화장품과 HAIR TONIC, HAIR CREAM 등의 두발 화장료 등에 사용된다. 유액은 특별한 배합금지법도 없으며, 그대로 크림이나 유액 TYPE에 각종용도(피부, 모발)의 화장품류의 처방에 첨가할 수 있으며, 직접적으로 ethano를 함유한 액상 type의 화장품류에도 안정화제를 첨가하지 않아도 배합이 가능하다. 즉 추출물 함유액은 배합 후 생겨날 수 있는 은행나무 추출물의 특유한 경시적 변화가 아주 작으며 안정성도 우수하다. 또한 함유한 기능 또는 작용은 화장품류에 배합시 제품의 산화방지효과를 기대할 수 있으며 피부의 기미나 주근깨처럼 색이 검게 변하는 것을 억제할 수 있다.

🌿 단삼

인삼의 한 종류인 단삼은 세포의 활성을 도와 두피를 튼튼하게 하고, 풍부한 사포닌은 과도한 피지를 억제하여, 촉촉하고 부드러운 머릿결로 가꾸어 준다.

참고문헌

임은진외, 두피·모발관리학, 메디시언, 2012년
김주섭 외, 두피모발 관리학, 구민사, 2010년
강영숙 외, 모발과학, 정문각, 2012년
이진옥저, 모발과학, 형설출판사, 2004년
김정진저, 내추럴테라피, 훈민사, 2011년
곽형심 외, 두피·모발관리학, 청구문화사, 2002년
김영숙저, 두피모발관리 방법론, 대경, 2008년
문영숙외, 모발과 두피관리입문, 훈민사, 2008년
김수은, 당수민 페이스 트리트먼트, 구민사, 2013년
한국두피건강협회 자료
I.T.F 사이버강좌교육 자료

저자 약력

이수비 영남이공대학교 뷰티스쿨 박승철헤어전공 교수

모발과 두피관리

2013년 9월 1일 초판 인쇄
2013년 9월 5일 초판 발행
2016년 3월 30일 개정1판 발행
2020년 3월 20일 개정2판 발행

저 자	이수비
발 행 인	조규백
발 행 처	도서출판 구민사
	(07293) 서울시 영등포구 문래북로 116, 604호(문래동 3가 46, 트리플렉스)
전 화	(02) 701-7421~2
팩 스	(02) 3273-9642
홈 페 이 지	www.kuhminsa.co.kr
신 고 번 호	제 2012-000055호(1980년 2월 4일)
I S B N	979-11-5813-823-3 (93590)
정 가	21,000원

이 책은 구민사가 저작권자와 계약하여 발행했습니다.
본사의 서면 허락 없이는 어떠한 형태나 수단으로도 이 책의 내용을 이용할 수 없음을 알려드립니다.